品成

阅读经典　品味成长

我想太多啦

JE PENSE TROP

［法］克莉司德·布提可南 — 著

华璐 — 译

人民邮电出版社

北　京

图书在版编目（CIP）数据

我想太多啦 / （法）克莉司德·布提可南著 ； 华璐
译. -- 北京 ： 人民邮电出版社，2024.6
ISBN 978-7-115-64474-9

Ⅰ．①我… Ⅱ．①克… ②华… Ⅲ．①心理学－通俗
读物 Ⅳ．①B84-49

中国国家版本馆CIP数据核字(2024)第100126号

版 权 声 明

◆ 著　　　　［法］克莉司德·布提可南
　　译　　　　华　璐
　　责任编辑　郑　婷
　　责任印制　陈　犇

◆ 人民邮电出版社出版发行　　北京市丰台区成寿寺路 11 号
　　邮编 100164　　电子邮件 315@ptpress.com.cn
　　网址 https://www.ptpress.com.cn
　　文畅阁印刷有限公司印刷

◆ 开本：880×1230　1/32
　　印张：6.75　　　　　　　　　　2024 年 6 月第 1 版
　　字数：123 千字　　　　　　　　2024 年 10 月河北第 2 次印刷
　　　　著作权合同登记号　图字：01-2023-1381 号

定　价：49.80 元
读者服务热线：（010）81055671　印装质量热线：（010）81055316
反盗版热线：（010）81055315
广告经营许可证：京东市监广登字 20170147 号

序

　　卡米耶是一个 20 多岁的大学生，因为缺乏自信来找我做咨询。她刚一开口向我描述问题，就陷入了强烈的情绪当中。她紧咬下唇，捏紧拳头放在嘴边，强忍住泪水，反反复复道歉说自己太敏感了，同时努力尝试冷静下来继续诉说。通过她纷乱的讲述，我渐渐认识到她是一个聪明且富有创造力的年轻女孩，没有经历过巨大的挫败。相反，每个学期她都通过了一门又一门的考试，这也令她自己感到惊讶。从旁观者的角度来看，这一切似乎都很好。可是，随着时间的流逝，她却对自己越来越怀疑。当其他同学因为学业上的进步而越来越有信心，对自己的定位越来越清晰，并逐渐找到了自己的人生目标时，她却感到无所适从，甚至怀疑自己的人生是不是走错了方向。她感觉自己仿佛戴上了一个面具，行尸走肉般游走于人群之中。

　　在社交方面，卡米耶同样感到格格不入。同学们感兴趣的话题和交谈的内容，跟她认为真正重要和有趣的东西似乎总是不同。当她参加聚会时，她会突然感到自己无法融入，会突然问自己："我为什么会在这里？为什么其他人好像觉得这个无聊又肤浅的聚会很有趣？"她感觉整个欢快的气氛都是虚假的，只想尽快回家。

一直以来，卡米耶都想要搞清楚自己出了什么问题。一些疑惑和稀奇古怪的想法在她的脑子里转来转去。她很焦虑，越来越灰心丧气，都快得抑郁症了。

卡米耶绝非个例。很多像她这样的人来找我咨询，他们的年龄、生活环境均不同，但他们都和卡米耶一样，感到与周围的环境格格不入，不停地思考、自我贬低并因此产生了心理负担。

跟我所写的其他书一样，本书的内容来源于我的专业实践。17年来，我用很多时间倾听人们谈论他们自己，观察和尝试理解每一个人。我学会了运用"火星人式的倾听"方法，这是由"交往分析"学说的创立者艾瑞克·伯恩提出来的。

这些年找我咨询的人如同一台台有缺陷的录音机，他们会断断续续地记录下对话中某些特定的单词和句子，而对重要的单词、关键短语和主要思想充耳不闻。这些人说话时经常使用的一些语句引起了我的注意。

- 我想得太多了。

- 周围人说我是个复杂的人，还说我思考的问题太多了。

- 我的大脑一刻也不得闲，有时候我真想把大脑的开关关掉，什么也不去想。

- 我觉得自己好像来自另一个星球。

- 我找不到自己的位置。

- 我感到不被理解。

从这些语句中，我渐渐勾勒出这类来访者的轮廓——他们想得太多了。我一点一点地分析他们的痛苦是由什么造成的，并开始向他们提供一些解决办法。当我决定要写这本书时，我请他们也参与进来。为了让材料更加丰富，我整合了我与他们的对话内容。在咨询过程中，我总会提出一些问题，以便更好地了解他们的心理、思考方式、价值观和行为动机。这些想得太多的人有一个优点，就是非常乐意与我分享他们的想法与情况。这本书的出版在很大程度上得益于他们的无私分享，对此我无比感激。

谁能想得到，具有聪明才智的人会因自身的优势而感到痛苦和不幸呢？可这就是想得太多的人所抱怨的问题。首先，他们不认为自己聪明；其次，他们感觉自己的大脑转个不停，即使夜深人静时也是这样，这让他们无法休息。他们厌倦了疑惑、问题和对事物的敏锐察觉，受够了自己过于发达的感官，这让所有细节都无处遁形。他们希望能够把大脑的开关关掉，暂停思考。他们最大的痛苦在于能够感到自己格格不入、不被当下的世界理解，甚至会受到伤害。所以他们常常得出类似的结论："我不属于这个星球！"

纷繁的思绪让他们徘徊在无休止的联想当中，每一个新的想法都会引发更多的想法。他们的大脑转得太快了，想法也太多。因为跟不上思绪的流动，他们有时候说话会结结巴巴；或者因为信息过剩，无法立即处理，他们只好选择沉默。对想得太多的人来说，语言能表达的东西是有限的，他们无法确切地表达自己细腻而复杂的思想。他们最需要的就是确定性，因为确定性让他们觉得有所依靠。想得太多的人会不断地追问自己，他们的自我信仰体系也因焦虑变得像流沙一般变化无常。他们最常问自己的就是："为什么别人都注意不到那些对我来说显而易见的东西？是我的理解力有问题，还是我的想法完全错了？"

显然，这类人感官的敏锐度、情绪的波动性跟他们的智力成正比。他们就像是装着硝化甘油的瓶子，一不小心就会爆发出愤怒、沮丧等负面情绪，不过更多的还是悲伤。他们会大声地说："这个世界太缺少爱了！"这些多向思考者游走在绝对的理想主义和极端绝望之间，要么自我封闭，要么奋起反抗。

他们在令人沉醉的梦想和令人沮丧的现实之间来回穿梭，在天真和无望之间徘徊。他们总觉得会有善良的人帮他们解决问题，所以他们会不顾一切地寻求帮助。但对他们来说，周围人给他们提出建议所带来的压力比给他们的帮助更大。让他们少思考一点儿问题？他们也希望能做到啊！可到底应该怎么做呢？接受这个世界的不完美吗？他们会说："我真的做不到。"

若要他们接受心理咨询，同样问题重重。他们担心会被当成疯子，很不幸，这种担心也并非毫无根据。毕竟，那些"一般人"怎么能理解这种拥有超越常规的思考方式的人呢？现行的心理分析框架常会把多向思考者微妙而强大的思考模式区分出来，把它形容为异常的、病态的。求学之路上，多向思考者通常会被视为"问题学生"。因为他们的大脑过度活跃，在学习时难以集中注意力。他们能一心多用，只做一件事情会让他们感到无聊。人们也许会认为多向思考者只是东看西看、过目即忘，其实不然，他们有能力同时深入探究多个主题。许多多向思考者还被贴上各种带"障碍"二字的标签，诸如阅读障碍、拼写障碍、计算障碍、书写障碍等，这让他们更加怀疑自己。成年后，多向思考者还可能被诊断为患有边缘型人格障碍、精神分裂症、狂躁症、抑郁症、躁郁症等。他们努力寻求帮助、寻找解决办法，却发现自己无法被理解，还被贴上了"功能障碍者"的标签。他们本来需要的是理解和接纳真实的自己，即他们根本不是功能障碍者，而只是与众不同，可是结果却不如他们所愿。

另外，由于人们缺乏对多向思考者的认识，因此还没有一个术语能够准确地称呼这类人。或许我们可以用"天才"或"高智力潜能者"这样的词来称呼他们，但这些词已经被滥用，蕴含了一些自命不凡的意思，与多向思考者的人格特质背道而驰。这些词传达出一种"比其他人更如何如何"的意味，这让众多多向思考者深感不适。而"多向思考者"这个词则容易被这类人接受，因为在他们看来，这个词很准确地描述了他们不断迸发问题和想法的大脑，以及起伏波动的情绪。他们也喜欢"右脑主导者"这样的称呼，因为他们拒绝承认自己比其他人更聪明，他们更愿意承认自己是一个思维方式独特的人。"我跟所有人的想法都不一样，这一点是肯定的！"这是我经常听到的多向思考者使用的语句之一。事实上，要找到一个极其精准的术语来称呼这类人是很难的，因为他们每个人的情形都不尽相同。

《资优儿童》一书的作者让娜·西奥－法金不建议称呼这类人为"天才"，认为应称呼他们为"斑马"。这个词选得还不错，因为斑马是一种非典型、难驯服且相当独特的动物，但斑马懂得如何融入周围的环境。不过，如果真的要拿动物来打比方的话，那他们也具有狗的特点，即忠诚、正直、有奉献精神；他们还具有猫的特点，即小心谨慎与敏锐；他们还像骆驼一样有不可思议的耐力，更像仓鼠一般会使大脑转轮飞快地旋转。

高度脑力开发受困者保护协会（Groupement Associatif de Protection des Personnes Encombrées de Sureficience Mentale，GAPPESM）将这类人称为"高度脑力开发受困者"（PESM）。这的确是一个非常准确的称呼，能比较好地概括他们的状况，但我认为并不是所有人都觉得自己因脑力高度开发而受困。虽然我承认这个词能比较准确地形容这类人，但这一术语似乎不具有正面的意义，所以，我还是不太倾向于采用它。

我原本更乐意称这类人为"天才"，因为从客观的角度来看，用这个词来形容他们是最贴切的。但是如果我真的这么做了，那么大多数读者可能会产生排斥感，匆匆忙忙就把这本书给合上。有的人还会反驳我："他们要是真的那么聪明，就应该能适应社会。"许多人始终带着偏见看待"天才"这个词——引人注目、骄傲自满、好为人师……他们理解的"天才"跟这类人的本质完全相反。

在探索多向思考这一现象的初期，我喜欢实事求是地用"天才"这个词来称呼这类人，还要求我的多向思考来访者们接受这个称呼。但我忽略了一个事实——他们非常敏感。有些人因此感到不适，也有些人惊慌失措，还有几位直接被吓跑了。借着本书的出版，我想向他们道歉。如今，我会用更委婉的方式为他们提供建议和帮助，向他们解释不同的神经和他们占主导位置的右脑是如何发挥作用的。虽然他们知道自己与"一般人"不同，但他们仍然很难客观地面对这一事实。

我花了很长时间去寻找那个最能概括这类人特质的术语，我还和周围人一起进行头脑风暴，我们一度觉得用"高速宽带"这样的词来描述这类人的思考模式很不错，而且很有趣。我还差点儿用了"蜘蛛脑"这个词，因为它既能够表达出这类人思维的敏捷，又能够反映他们那种像蜘蛛网一样四通八达的思维。但最终，我还是认为"多向思考者"这个称呼最合适，也最恰当。在我看来，这个词表达了对这类人的理解，虽然不是尽善尽美，但也没什么大的偏差。总而言之，这本书不是要给任何人贴标签，而是希望能帮助你理解自己、接受自己本来的样子，从容地与"沸腾"的思维和平共处。

正是因为你想得太多，所以你可能很快就会发现自己有多向思考者的多项特质。你的那个想得太多的大脑其实是一件真正的宝物。它的精致程度、复杂性和运行的速度都是如此令人惊奇。它的能量就像一级方程式赛车的引擎那么强大！赛车与普通的汽车不同，如果由一个笨拙的司机来开，它也许会给你带来危险。为了最大限度地发挥它的潜能，你需要具备高超的驾驶技术。而迄今为止，都是你的大脑在主导你的行为模式，让你从一个地方到另一个地方。但从今天开始，该由你自己来掌握方向盘了！

为了突出多向思考最值得注意的方面，我把这本书划分为3个部分。

- 多向思考者天生复杂的构造。
- 多向思考者独特的个性。
- 与多向思考共存。

我知道有一些多向思考者喜欢一目十行地看书。一般来说，这能让他们迅速沉浸在阅读中。他们通常不需要将书从头到尾地精读一遍，就能通过这样泛读的方式了解书的主题。因此，我想特别提醒一下大家：如果你直接翻到本书的最后一部分去看，就会错过很多重要的章节，没法客观地评估我提出的方法是否适用于你。因此，我建议你跟随本书的节奏，不要省略任何一步，按顺序耐心阅读，花一点时间去了解你超级敏感的神经，去观察你"沸腾"的思维，从而认识到你与众不同的智慧。

理想主义是多向思考者的一个显著特质。拥有假自体同样是多向思考者的一个特质，它可能会在一段关系中给你带来制约和不利。如果你感到与周围的人格格不入，而这种格格不入的确是客观存在的，那你最好深入地了解一下是哪些具体的差异造成了这种局面。当你开始探索自己时，我提出的解决方法才能显示出它们的意义。

如果读完本书之后，你能和真实的自己、和自己与众不同的大脑达成和解，那么我的目标就实现了。要让大脑充分发挥能量，你需要学会驾驭自己。你将通过本书学习几章关于神经学的"机械课程"，一些关于情感和关系的"交通法规"，以及若干种关于心智的"驾驶知识"。

如果你是多向思考者，那么在本书中，你可以找到一些关于你与众不同的特质的解释，当然还有一些实用的建议。

非常感谢吉尔·波特·泰勒、丹尼尔·塔米特、托尼·阿特伍德及雅特丽丝·米莱特给予本书的宝贵建议。同时，也非常感谢阿丽尔·阿达和让娜·西奥－法金的著作对我的引领与启发。

目录

第一部分 "想太多"不是你的错

第三部分　与多向思考共存

第一部分

·

"想太多"不是你的错

第一章

高敏感是你的珍贵天赋

20 世纪 80 年代的一个流行唱跳组合曾经这样唱道："这家伙太过分了！这家伙太、太、太、太过分了！"这两句翻来覆去的歌词道出了多向思考者的问题所在。不管是什么，一切都"太××"了——太多的想法、太多的问题、太强烈的情绪……甚至已经到了过度的程度——过度反应、超级敏感、过于多愁善感……多思多虑的多向思考者以超乎寻常的敏感度体验着生活中的大小事件。他们感受到的东西，无论是积极的还是消极的，都能让他们的情绪起伏。即使只是一件琐碎的小事，也可能给他们带来前所未有的影响，特别是在这件事情触及他们的价值观时。多向思考者的观察力、敏感度、情感充沛度都超出我们的想象，是"一般人"的数倍。事实上，他们的整个感觉和情绪系统都是极其敏感的。这种敏锐的感知是神经性的，始于他们对现实的感知。

人通过五感来获取信息。然而，我们知道有些人存在听觉或视觉上的问题，所以我们能够理解大家看待世界的角度和想法各不相同，每一个人看待世界的方式都是独特且主观的。比如，让 10 个人参观同一间公寓，然后让他们详细描述这间公寓，我们就会发现这 10 个人似乎参观了 10 间不同的公寓。

每个人都有自己主导的感官。由视觉主导的人，会把注意力集中在可见的东西上，如色彩、光线、样貌等；由听觉主导的人，会迅速感知到一个地方是安静还是嘈杂；由触觉主导的人，则会对温度、舒适度较为敏感；由嗅觉主导的人，会敏锐地察觉到烟味或房间里空气不流通。因此，每个人描述公寓时，都会说出自己感兴趣的或是认为是重点的部分，同时，他们也会忽视其他非主导的感官所察觉的部分。举例来说，有 3 个人来到某个地方。甲觉得这个地方"有点吵"，乙觉得这个地方"非常吵"，而丙则根本感觉不到噪声的存在。他们各自选择自己主导的感官接收信息，然后对这个地方进行描述。而多向思考者能比"一般人"捕捉到更多的信息，强度也会更高。他们的感官过于灵敏。如果一个多向思考者参观前文中的公寓，他会比大多数人记得更多的细节，甚至会发现一些特殊之处——那些除了他没人会注意到的细枝末节。

感觉过于灵敏

弗朗索瓦在第一次到访我的咨询室之后，给我发了一封电子邮件。邮件内容如下。

　　我想跟您聊聊我日常生活中的情形，就拿我第一次去见您的事情举例吧（请不要介意）。

　　当我第一次来您的咨询室时，在车停好之前，我就开始想您一般是把车子停在车库内还是室外。开车进入大门后，我便开始猜想哪一辆车是您的。还有，您喜欢汽车吗？我想您应该是喜欢汽车的吧。然而，在我一边看来看去，一边猜想时，我发现一辆让我觉得还不错的车都没有。所以，我觉得自己可能猜错了。随后，我来到您的办公楼前，正要输入密码进入时，我发现门铃前您的职业名牌上的字体与同一栋楼其他医师的都不一样。我想，您和他们搬到这栋楼的时间应该不同。为什么呢？之前您在哪儿？是之前的办公地点离家太远吗？还是您就在家里看诊？更换地址对您的病人来说会有影响吗？之后，我按响了门铃。还有，我想说，我发现有一栋楼的门铃坏了，请记得修。为什么一直没有修呢？有什么原因吗？我思索着走进了等候室。里面没有别人，只有我自己。医师的工作忙不忙？等了一会儿，您就叫我的名字了。我想，您是个有效率的人。还有一件事我不得不说，等候室的杂志有点过时了。其中很大一部分杂志都很老旧，这样的杂志在我看来有点太……这杂志是您订阅的吗？我望向窗外，天气不是很好。窗外的篱笆离窗户太近了，挡住了视野，这让我感到很压抑。我在等候室里能听到您的声音，于是便开始猜测您的外貌。我想，您个子应该很高，身材匀称。这时，我听到了您的高跟鞋踩在地板上发出的声音（我不喜欢这种声音，冷冰冰的，缺少温度）。不过，既然您已经很高了，为什么还要穿高跟鞋呢？终于，我看到您了，就跟我想象的一样。您握住了我的手。其实，我本想拥抱您一下，以便获取更多信息，但显然我不能这样做。我很高兴跟您握手，这让我感觉您既坚定又有力量。我感觉您没有喷香水，或者只是淡淡地喷了一点，这样非常好，我讨厌太浓的香水味，或者说我讨厌所有太浓的气味。我跟着您来到咨询室，走路时我开始猜想要进入哪个房间。进入您的咨询室后，我发现室内井井有条，而这对我来说过于整齐了，让我感到冷冰冰的。咨询室内没有绿色的植物，空间也不开阔，令人感到压抑。桌子上的东西不多，但有很多笔，几乎每支都不相同，为什么呢？我们进入的第二个房间好一些。我挺喜欢那个红色的椅子，它看上去比其他家具要古老一些。您在搬到这里之前用的也是它吗？我想是的。我们坐了下来。我对您很感兴趣。我开始观察您的连衣裙（其实在走廊里就已经开始观察了），裙子色彩缤纷，引人注目，很适合您。您对自己的身材很有自信，而且很喜欢自己，这我能感觉得到。我还觉得您应该很受欢迎。接着，我开始研究您的发型，跟我手头的书上那两张您的照片比起来，我更喜欢您现在的样子。您的皮肤黝黑，我猜您喜欢海滩。您佩戴的首饰不多，我想您更喜欢设计新奇别致的手镯，而不是太花哨的。我还观察了您的双手，就像观察所有人那样。我喜欢您的手。这样的过程对我来说非常重要，能让我稍微放松一些。但同时，我也保持着警惕，以免您左右我的思考。这一切并不只是针对您，一直以来我都是这样生活的。在我们见面之前，我去了您咨询室拐角处的报刊亭，在那里待了 3 分钟，问了自己 20 多个问题……

这就是多向思考者的日常生活。他们无时无刻不被接收到的大量信息狂轰滥炸，会记住无数烦琐的细节，并试图通过收集到的信息来预判和猜测尚未发生的事情。他们经常处于一种不信任和紧张的情绪状态中，会向自己提出成百上千个问题，尤其是在与他人第一次会面时。

如果你是多向思考者，那么"感觉异常灵敏"就是你的特质。这是一个科学术语，用来描述人的五感极其敏锐。换句话说，就是你的五感一直处于清醒、警觉，甚至持续警戒的状态。就像弗朗索瓦一样，你有能力察觉到对于大多数人来说难以察觉到的细节和细微差别。虽然感觉异常灵敏的人经常因噪声、光线或气味的干扰而感到不适，但他们并没有意识到这是因他们的感觉灵敏度超出了正常范围造成的。于是，我跟他们解释了这一点。听到我的说法，他们一开始会感到吃惊。然后，随着讨论的深入，他们逐渐意识到自己的确有着灵敏的感官，能够在听到几个音符之后就辨认出是什么曲子，或者尝几口菜就能猜出其中有什么调料……但是，他们就算每天都有 10 次这样的体验，也没有想过其他人与他们不同。感觉异常灵敏的人倾向于把这当成一种负面体验，并为无法忍受这些感官刺激而自我责备。"我受不了有些商店把音乐声音开得太大，这让我想赶快逃离这家店！"奈莉证实道。对于皮埃尔来说，不适感来自视觉："办公室的灯光非常刺眼，我的眼睛受不了。但是只有我一个人在抱怨，我被当成一个爱发牢骚的人。"还有很多感觉异常灵敏的人，他们也会因环境而感到困扰。

视觉异常灵敏

我们从弗朗索瓦的电子邮件中可以看出，视觉异常灵敏的人往往先注意到细节，而不是整体。弗朗索瓦的视觉就异常灵敏，他的体验与其他来访者比起来就更有趣。他捕捉到了非常多的细节：桌上的那些笔、椅子的磨损、窗外的视野、等候室里的杂志等。他的目光如同一台精密的扫描仪，我全身上下被扫描了一遍：首饰、裙子、发型、双手……在日常生活中，这样的目光往往让那些被注视的人感到被干扰、被探究，甚至被审查。其实他们观察的目的并不是评判，而是理解。对于弗朗索瓦来说，观察可以让他安心。在此过程中，他们观察到的细节也会存储到记忆中。视觉异常灵敏的人还有另一个特质，就是对亮度非常敏感。

听觉异常灵敏

一个听觉异常灵敏的人可以同时听到多种声音。他可以一边听广播，一边继续与他人交谈，同时还会被来自隔壁房间的洗碗机的噪声打扰，他会觉得这种噪声盖过了其他声音。他很享受聆听音乐的感觉，可以从乐曲中分辨出哪些音符是由萨克斯风演奏的。但是，如果他不能忽略外面割草机的声音，那就没那么享受了。通常情况下，听觉异常灵敏的人更容易听到低音，而不是高音；更容易听到远处的响动，而不是近处的声音。他可能会被某种背景音乐打扰，忽略与你的对话。大多数情况下，电视台播报新闻时会配有背景音乐，这让不少听觉异常灵敏的人感觉受到干扰，他们不得不在"嘈杂"的音乐声中费劲地捕捉播音员的声音。弗朗索瓦也谈论过对一些声音的感受：门铃坏了、我的声音、高跟鞋踩在地板上冰冷的声音。

触觉异常灵敏

一个地方的环境如何，空气的干湿度、温度如何，某个物品的触感是粗糙还是柔和，一个人衣服的质地怎样，多向思考者在持续不断地辨别着这些信息。弗朗索瓦说他本来想拥抱我，可是他没这么做，因为我们是第一次见面。但经常发生的是，触觉异常灵敏的人在与我见了几次面后就会提出要与我拥抱。此外，在他们情绪激烈的某些时刻，他们希望我能用双臂抱住他们，或者他们能用双臂抱住我。这种请求并没有任何暧昧的意味，他们只是需要一个温暖的拥抱。这样的拥抱可以帮助他们缓解激烈的情绪，镇静下来。如弗朗索瓦所说，这样的拥抱还可以帮助他获取更多信息。传统心理治疗的规则认为，医师不应该与患者有身体接触，但对触觉异常灵敏的人来说这个规则行不通，因为他们需要通过触碰来获取信息。

嗅觉异常灵敏

大多数人的嗅觉都不是很灵敏。嗅觉是一种非常动物性的、包含极丰富信息的感觉。我常开玩笑说，那些嗅觉异常灵敏的人的鼻子都不是普通的鼻子，而是"狗鼻子"。弗朗索瓦在进入我的咨询室时，就对我喷的淡香水做出了反应。如果前一位来访者留下了烟味或者汗臭味，嗅觉异常灵敏的人就会皱起鼻子。之前一位叫弗洛伦丝的来访者甚至会要求我开窗通风，因为她觉得房间里能闻到"人呼出来的气味"。嗅觉异常灵敏可以让人感到快乐，比如在品尝一款美酒或者闻一朵鲜花时；但如果闻到的是令人作呕的气味或奶油蛋糕中人造香料的气味，嗅觉异常灵敏就可能是一场噩梦。弗朗索瓦就很讨厌过于浓烈的气味。

味觉异常灵敏

味觉与嗅觉密不可分。一般来说，味觉异常灵敏的人往往是美食家。他们可以品尝出肉桂或红辣椒最细微的余味，猜出咖啡豆或巧克力豆产自何地。因为味觉异常灵敏，他们一般不会食物中毒，因为哪怕只有一丝一毫的可疑味道，他们都能察觉出来。

与多向思考者相比，大多数人能接收到的信息可以说是非常有限的。有时候，多向思考者也会意识到这一点。他们可能会在某个瞬间感到周围的人都麻木不仁或过于粗枝大叶。这样的想法会令他们感到不安，所以他们会尽快将这些想法从大脑中赶走。他们会特别注意不要去评判别人，尽量忽视自己与"一般人"在接收信息方面的差异。然而，这种差异是客观存在的，是有神经学基础的，是得到了科学研究的证实的。所以，请你勇于面对这个事实。你可以以这种差异为基础，来解释你所感受到的你的与众不同之处。你可以试着请你的亲朋好友与你一起观察同一个环境，你会发现每个人的注意力和敏锐度的差异非常惊人。弗朗索瓦在接受咨询后，一下子就意识到："原来是这样！难怪我经常觉得周围的人都像睡着了一样！"

质

感觉异常灵敏，关乎量，比如你能感知到的元素有多少，你将细节划分为 12 个级别；也关乎质，比如你能在几乎相同的两种颜色之间察觉到微妙的差别，你能在一首乐曲中捕捉到小小的错音。此外，感觉异常灵敏还关乎注意力和记忆力。

你有没有仔细观察过一个盯着瓢虫看的孩子？他的目光就像一台显微镜，他几乎能注意到有关瓢虫的每个细节，他对一切都感到惊奇：瓢虫甲壳的光泽、精细的翅脉、复眼、微微颤动的触角，还有甲壳展开后伸出透明翅膀的非凡结构。我用"质"这个字来描述这种精细感知的能力。感受果泥的柔滑质地，欣赏一片树叶的光泽、一片玫瑰花瓣的柔美、一颗露珠的晶莹，因套上舒服柔软的羊绒衫时的触感而愉悦，在聆听美妙的钢琴曲时痴狂陶醉……这种精细的感知多么令人快乐。感觉异常灵敏的人会将精细的感知转变为诗歌、文章等艺术形式。想想你的亲朋好友，但不要将年幼的孩子算在内，有哪些人有精细感知的能力，并因此感觉快乐和满足？

联觉

对于大多数多向思考者来说，感觉异常灵敏会与联觉现象相结合，即各种感官会相互激活。例如，发生联觉现象时，人们会看到单词是有属于自己的颜色的，或者数字是立体的。来访者凯瑟琳告诉我："我是用皮肤来倾听的。有些词语会让我起鸡皮疙瘩，这甚至会发生在我理解它们的含义之前。"弗朗索瓦也曾觉得高跟鞋踩在地板上发出的声音缺乏温度（这是他的听觉神经和触觉神经交叉感知所产生的结果），在听到我的声音时眼前会浮现出我的形象（他猜测我很高）。联觉有助于记忆，这就是为什么多向思考者会记住许许多多在大部分人看来无关紧要的细节。

联觉通常是一种无意识的能力。当我问多向思考者是否会产生联觉现象时，他们的回答总是"不，完全不会"。当然，我并不相信这个回答。在实践中，我发现感觉异常灵敏和联觉经常是并存的。因此，我会在咨询过程中突然问："'星期二'这个词是什么颜色的？"多向思考者会立刻回答："黄色（或者绿色，颜色不重要）。"他们对自己的回答也很吃惊，会急着辩解："我没有好好想过，只是随口一说。"我只好再试一下。于是，在稍后的谈话中，我又突然问道："'桌子'这个词是什么颜色的？"多向思考者同样会脱口而出："绿色（或是别的什么颜色）。"他们会因此感到困惑，但他们确实能"看"到词语的颜色。这毫无理性可言，但事实就是如此！回想一下童年时期学习的过程，我们可能会理解这些光怪陆离的想法：字母B有两个大肚子，数字2就像一只白色的天鹅，数字1则像一把黑色的鱼叉。我们还会认为肠胃蠕动的声音像潺潺流水，炸鸡的气味是金黄色的……现在想想，这些想法可太幼稚了，但童年时期奇怪的想法很可能正是基于联觉。

奇特的好恶

在日常生活中，感觉异常灵敏的人会因为感觉不同而有不同的好恶。例如，一个听觉异常灵敏的人可能对某些声音超级厌恶，而对其他声音则不会；一个触觉异常灵敏的人，可能会因某种材料的触感而心生愉悦，而另一些材料则会引发其排斥和回避的行为；一个味觉异常灵敏的人可能会面临饮食方面的困难。例如，他会觉得过熟的食物恶心、橘子无法食用等。

威廉是一个患有阿斯伯格综合征的小孩。他觉得蝉的叫声令人头晕，让他发疯，而对其他更为响亮的声音却无动于衷。他对疼痛和臭味并不敏感，却很讨厌某些合成材料制成的衣物。他特别喜欢触摸动物的皮毛和毛绒玩具，总是忍不住要去揉捏一番。

信息接收

从某种角度看，感觉异常灵敏是一件幸运的事，因为它有助于人们获取大量跟周围环境有关的信息；它能够促使人们进入清醒的状态，对外部世界充满好奇心。这种被强化了的多感官感受能力可以让人们获得超乎寻常的愉悦体验。但是，如果人们的感觉过于灵敏，不断接收信息，那么人们很可能会变得疲惫不堪，这也会严重影响人们的生活。比如，房间里的灯光对他们来说过于强烈，会让他们睁不开眼；室内装饰得太鲜艳或太复杂，会让他们感到眩晕；声音太大、太嘈杂会让他们的耳朵受不了；太热或是太潮湿，会让他们不自在；那些喷了太多香水或者身上有异味的人，会让他感到恶心。多向思考者无法忽略他们所感知到的事物，无法关闭接收信息的感官系统，因为他们在潜在抑制方面存在"缺陷"。

大多数人都会对自己接收到的感官信息进行自动筛选，没用的信息自然会被搁置，这样大脑才可以把注意力集中在重要的事物上。这种对于外部信息的自动分级，可以让人们专心处理重要事件。但是，在多向思考者身上，这种分级不是自动发生的，而只能人为进行。这就需要由他们自己来决定哪些信息值得关注，并且努力将其他信息放在次要的位置上。人为进行分级是很难的，需要一种有意识的努力。一般来说，多向思考者很难在日常生活中做出选择，难以决定什么东西重要、什么东西不重要，在选择信息和信息分级方面亦如此。久而久之，无论是努力尝试忽略无用的信息，还是被迫接收这些信息，都令他们疲惫不堪。正是因为多向思考者夜以继日地忍受着这些困扰，所以他们才无比渴望能够与外部信息斩断关系。

在面对这种难以理解的困扰时，"一般人"会耸耸肩说："噢，别理会它！"因为这对他们而言是一件轻而易举的事，只要不去关注一些无用的信息就行了。"一般人"不会意识到多向思考者在经历什么。例如，在散步时，多向思考者的注意力会不断被汽车的噪声、来往的行人和橱窗里的东西吸引。周围的事物会将他们的注意力引向成千上万个方向，他们需要花费很大的力气才能重新集中注意力。

从进入这家餐厅开始，奈莉就觉得餐厅的背景音乐太吵。音乐的喧闹、邻桌的交谈、餐具碰撞发出的声音、服务员穿梭往来、食物的气味、顾客进进出出、过亮的灯光，这一切让她头晕目眩。要保持对谈话的专注、对同行的友人进行回应对她来说需要付出巨大的努力。在这样的情况下，度过一个美好的夜晚无异于创造一项非凡的成就。

五感让我们的生活多姿多彩。通过充盈着愉悦信息——美好的形象、悦耳的声音、怡人的感觉、各种香气和美味——的各种感官，我们感受到了生活的五彩缤纷。多向思考者会因看到太阳落山或是听到鸟儿歌唱而欣喜和感动。在这样的时刻，他们最能体会到自己的与众不同。他们尝试跟周围的人分享自己的感觉，却不被理解。周围的人叹气道："没错，是挺好的，可这不就是夕阳吗？你又不是没见过！快点走吧！"甚至还有人嘲笑说："吱吱吱，小鸟叫！你都几岁了？"

这种感觉异常灵敏的特质能够解释为什么多向思考者虽然不时会感到抑郁，但是仍然保持着一种强烈的对生命的喜爱，随时都能因为一缕阳光而重燃对生活的热爱。

第二章

情感丰富让你更具同理心

超级敏感

感觉异常灵敏的人对世界的感知会明显比"一般人"强烈。感觉异常灵敏的人都是超级敏感的人，他们对光线、声音、冷热，尤其是过度刺激非常敏感。 因此，他们时常会莫名其妙地发火："（因为电视声音过大）关掉这个没人看的电视！"或者说："（因为天气冷）有人能关上这扇窗户吗？"

正是因为感觉异常灵敏，在大多数情况下，多向思考者能捕捉到"一般人"意识不到的信息。他们会在温馨的气氛中热泪盈眶，在有压力的气氛中躲在角落，在感到不公正时奋起反抗。他们对周围人说话时的语气、所用的言辞、面部表情、姿势都非常敏感。这种超级敏感的特质导致他们非常渴望精确性。对他们来说，两个词不可能意思完全相同，因为每一个词都有其微妙之处。他们会对不精确或粗略的说法、做法十分挑剔，也非常容易因此受到其他人的批评、责备、嘲笑。特别令人沮丧的是，他们能感知到大量的信息，却被周围那些感知不到的人否定。当多向思考者试图与他人分享自己的感受时，最常听到的，也是最令人难过的一句话就是："不会吧，你想多了！"

多向思考者对周围世界了解的程度、对细枝末节关注的质量显然与他们的感觉敏锐程度成正比。在一次采访中，阿梅丽·诺冬 ① 对一位记者说，每次世界上发生灾难，她都会感到内疚。这让记者既吃惊又兴奋。诺冬强调说："无论是地震、战争还是饥荒，我都觉得是我的错导致的，觉得自己要对此负有一定责任。"所以说，多向思考者会被接收到的所有信息深深触动，因为他们深感自己与整个世界都是相关联的。与阿梅丽·诺冬一样，对于世界运行过程中出现的问题和自己的被动状态，多向思考者都会感到自己负有责任。

---

① 当代最有影响力的法语作家之一，著有《午后四点》《某种活法》《我心深藏之惧》等作品。——译者注

在后文中我们将会讲到，多向思考者是由右脑主导的，而右脑的功能主要是管理情感和情绪。简单来说就是，信息在经过大脑之前先走了心。在这种情况下，保持冷静和理性几乎是不可能的。敏感的人会被自己的情绪湮没，就像不受控制的暴风雨一样。在心境变化之下，他们时而焦虑以致愤怒，时而陷入抑郁，情绪起伏犹如坐过山车。同样，他们也能够焕发出热情，感受真正纯粹、快乐的时刻。

多向思考者这种超级敏感的特质会给他们带来很多问题。由于无法控制好情绪，他们通常不被周围的人理解。因为在我们的社会中，敏感、情绪起伏大、情感丰富的人常常被视为脆弱、不成熟和冲动的人，甚至有的人认为他们必定是幼稚、愚蠢和轻率妄为的人。若从传统的心理诊疗角度来看，这类人很快会被贴上"边缘人"的标签。

如果你是一个敏感、情感丰富的人，肯定对这一点深有体会！周围的人总是对你评头论足，还会像训斥小孩那样训斥你。诸如，"为什么遇到一点儿小事就哭鼻子？真是太蠢了""不要对事情这么上心，要变得冷漠一点"等。简言之，周围的人对超级敏感的人的建议都是："无论在什么情况下，你都必须冷静、理智和果断。"解决办法真的就只有这个吗？人们一直认为，只有理性思维、逻辑判断和不带情绪的决定才是重要的，情绪是我们的敌人，只会让我们在选择和推理的时候迷失方向。幸运的是，近年来，情况开始有了变化，人们开始意识到情绪在思维过程和决策当中发挥了重要作用。如今，人们会谈论情商，用它来描述情绪方面的智力。情商衡量的是一个人在情绪管理、行为动机、共情和与人相处等方面的能力。多向思考者因情绪起伏而困扰，他们只是尚未学会管理自己的情绪，但他们确实有很大的情绪潜能等待开发。

受到评判、被人指责时，多向思考者会为自己的样子感到羞愧，会觉得自己很糟糕。然而，让我们试着去想象一下，如果没有多向思考者这种更为直接和敏锐的表达，这个世界会变成什么样子？不再有创造力，不存在同理心，也没有了幽默感。每个人都充满了理性，随时都在自我控制，没有一点儿温情。如果没有了愤慨和反抗的能力，尤其是缺少了看似很疯狂实则很富有感染力的激情，人类将会变成什么模样？这个世界需要多向思考者存在，以与偶尔过于理智和冷漠的社会抗衡。

超级敏感是多向思考者的特质之一。如果你极为敏感，那么除了这个特质，你很可能还具有其他性格特质：在人际关系中，你善良、无私、热情；对于自己，你比较苛刻，随时都在自我怀疑，还会自嘲；你的强大之处在于你拥有开放的思维、好奇心、幽默感，以及纯真；你直率、正直和真诚，还拥有无与伦比的正义感。越是能接受自己的本来面目，你就越能管理好这种神奇的敏感特质和自己的情绪。因为有效管理情绪的关键就是对自我进行正确的认知。随着你对自己的了解不断加深，你会理解自己，并能够妥善应对自己的情绪风暴，让情绪成为你的朋友和向导。

情绪与情感

多向思考者的大脑会受到情绪与情感的影响，无论在什么情况下我们都不能忽视这一点。他们的确非常需要支持、鼓励、人与人之间的温暖，需要接触甚至拥抱，以及和谐而积极的关系、氛围。他们非常脆弱，对他人的评判极为敏感，无法客观地看待他人的评价，总是需要安抚才能放下心来。这在"一般人"看来是不适宜的。吉尔·波特·泰勒在她的《左脑中风，右脑开悟》一书中就曾讲述过她所遭遇的人生巨变：在中风期间，她的左脑失去了能力，她只能靠右脑思考。这时候，她强烈地感受到了自己对情感、温暖和鼓励的需要。生平第一次，她捕捉到了与她说话的人的善意或带给她的压力，她对此特别敏感。对她来说，这是一种全新的发现。而对多向思考者而言，这都是司空见惯之事。

在学习方面，跟一个多向思考者说他是为自己学习，而不是为老师或父母学习，是很荒谬的。多向思考者需要在学习上投入情感才能有令人惊叹的表现。

当我向克里斯汀解释这一点时，她笑了，对我说："高一时，我非常喜欢听我的物理老师讲课，结果那一年我的物理平均成绩达到了 90 分。下一年，这门课的任课老师换成了一位老太太，我感觉她很冷漠，课讲得也枯燥乏味，我非常失望。此外，她还有难闻的口臭，我只能尽量避免与她近距离说话。连续上了 2 年她的课，我的物理平均成绩从 90 分下降到 20 分。高考成绩出来的那一天，这位老师特意来到学校，在公示栏上查看她的学生的成绩。她是那天唯一一位到场的老师。她还是没怎么说话，但是眼睛有些湿润，脸上闪烁着因学生成功而生出的喜悦。如果我早知道她这么爱护我们，她的冷漠只不过是表象，我想我一定会将优秀的成绩一直保持下去，直到高考。对于自己的错误判断，我在很长一段时间里都感到非常自责。"在讲完这个故事后，克里斯汀泪如雨下，难以自制。

在公司里，在沉闷或者消极的氛围中工作并听命于一个愚蠢的、妄自尊大的领导，对多向思考者来说是一种痛苦不堪的折磨。他们会因争吵、训斥和压力而产生心理障碍。对多向思考者来说，用温暖的鼓励代替冷漠的批评，多多赞扬和安抚，并向他们表达信任，是激励他们的好方法，因为渴望满足他人的期待并证明自己的能力就是他们最大的动力。但是，今天少有公司会以鼓励代替指责。

压力管理

穆里尔·萨尔莫纳的心理创伤研究让我们能更好地了解到压力对大脑的影响。我们的大脑中有一个名叫杏仁核的腺体，它就像一个警报系统。杏仁核负责解读感官所接收到的来自外部世界的信息，并决定是否有必要对其产生惊慌的反应。一个人在身体或心理遭到攻击的情况下，杏仁核就会被激活，并触发肾上腺释放压力激素、皮质醇和肾上腺素。由于杏仁核的反应，我们的整个机体都处于紧张状态，这种状态会让我们做出逃跑或者战斗的决定。压力激素可以提升感官的敏锐度、反应速度和肌肉力量，使我们的机体资源处于随时待命状态。此外，我们的血液流动速度和心率也会加快，我们还会呈现出呼吸急促、肌肉收缩的状态。这些生理反应能帮我们决定是进入战斗状态还是立即离开现场。

但是在许多压力情境中，选择战斗或者选择逃跑都不太合适。在这种情况下，杏仁核就会一直徒劳地恐慌，我们称之为"过热现象"。位于大脑皮层的神经中枢本来是负责分析和调节反应的，其作用却被杏仁核的警报信号给湮没了。为了避免过热现象引起肾上腺素分泌过量导致心脏骤停，或神经中毒导致人死亡，大脑会释放一些新的化学物质——吗啡和氯胺酮，这些物质会关闭杏仁核这个警报系统。一旦杏仁核不再起作用，人就会突然感到仿佛与这个世界断开了联系，与自己的情绪产生了分离。但事实上，紧张的状况并没有消失不见，只不过人不再有特别的感受，他只是觉得眼前的情境完全不真实。我们把这种状态称为"解离"。这个人会像当前事件的旁观者一般，观看正在发生的事件。

这种机制虽可以保住人的性命，但也会给人带来很大的麻烦：置身于一个充满压力的环境中，人却不再想办法去应对不利的状况。而且，疗愈的过程也无法正常开始。杏仁核被大脑不断分泌出来的吗啡和氯胺酮麻痹了，无法将遭受的情绪冲击释放到另一个组织——海马体（海马体相当于一个处理与储存记忆的软件）中。那些引发应激反应的情境会一直被封存于杏仁核中。有时，事情已经过去数年，每每出现闪回现象，人依然会感觉完全回到了当时的状况。由于杏仁核曾经"短路"，压力情境一直被封存在杏仁核中，所以人才有会反复置身于过去的场景的感觉。这种现象被称为"创伤后应激障碍"。

在多向思考者身上，我们能观察到他们的杏仁核尤为敏感，反应阈值也特别低。这也许是因为杏仁核不断受到感觉和情绪的刺激，一直处于一种警戒的状态。每当他们受到情绪侵袭时，解离状态就容易出现。

多向思考者可能会说出一些荒谬的话或做出一些反常的举

动，这是因为负责理性思考的前额叶皮质无法发挥作用。一旦前额叶皮质重新开始正常工作，他们自己都会为自己之前的言行感到震惊。正因如此，多向思考者会对自己的智商产生怀疑，因为他们知道自己有时候会表现得非常愚蠢！

解离状态随时随地都有可能出现，这可能会造成多向思考者难以集中注意力、常做白日梦或出现令人难受的恍惚状态。这些情况几乎总是会发生在聚会上，就像卡米耶那样，她会突然感到不知所措，觉得谈话枯燥乏味、玩笑低俗愚蠢。因无法融入周围环境，所以她的心中只剩一个想法：赶快回家！

创伤后应激障碍是由那些被封存在杏仁核中，又被重新激活的情境引发的。多向思考者每一次出现解离状态，就多一个新的情境被封存在杏仁核中，无法得到海马体的处理和分析。因此，在叠加效应之下，这些令人紧张的回忆使他们的反应越来越激烈。有些多向思考者选择活在一种几乎从不间断的解离状态中，"理性"地看待所有带着情绪记忆的情境，不再能敏锐地识别一切。他们反而觉得任何事情都不能触动自己，当下并不可靠，自己就像游离于现实生活之外。为了跟自己的情感保持距离，他们采取了一些防御机制，这让他们看起来非常冷漠，对什么事都无动于衷。但这不过是表象，在他们的内心里，一切都在沸腾、燃烧。

超强的共情能力

多向思考者还有一个特质，就是他们具有超强的共情能力。他们可以捕捉、猜测乃至能即刻感受到周围人的情绪状态，甚至在这些人自己意识到之前。出于本能，他们能实时了解他人的情绪，如何时心情好、何时感觉糟糕，并像海绵一样浸泡在他人的情绪中。但请注意，共情并不意味着同情，共情更多是指受到他人情绪的"入侵"。多向思考者一点儿也不想对别人的痛苦感同身受，但往往在突然之间，就不由自主地被周围人的情绪影响。他们深受其苦，因此有些人无法忍受人多的场合，会想办法逃避。除了对声音、味道等的敏锐察觉外，这种对他人情绪的敏锐察觉，同样令他们感到筋疲力尽。

来访者维洛妮可向我解释说："最让我难受的地方是超市。我可以感受到别人所有的焦虑情绪。所以，我尽量避免去大型超市，通常是在人少的时候到小商店购物。我尽量把注意力集中在我的购物清单上，以最快的速度买好我需要的东西，从而尽快逃离这个可怕的地方！"

不过，超强的共情能力使多向思考者发展出一种极大的善意。一方面，他们能由衷地理解别人，一旦理解了，就不会再去评判；另一方面，共情能力强的人，不可能在悲伤的人身边保持平静，也不可能在紧张的人身边保持淡定。由于多向思考者只有在别人感觉良好时，自己才能感觉自在，因此他们必然会关心自己周围的人，让气氛和谐，最终让自己感觉舒服自在。在多向思考者看来，故意使坏、伤害他人简直荒谬无比，因为他们会在伤害别人前先感到痛苦。由于天性无私，他们也很难想到他人会斤斤计较和自私自利。他们认为他人的思考方式和自己一样，还认为人天生就是善良的，不会算计；他们也无法想象有纯粹的恶意和故意的破坏存在，因为这绝对是毫无意义的。这样的想法令他们容易被一些操纵者和骗子利用和伤害。他们认为恶意不存在，却一次比一次更难理解自己一再被出卖，一些多向思考者会因此变得刻薄、多疑，甚至偏执和自我封闭，离群索居有可能成为他们保护自己的唯一方式。

因为多向思考者善于倾听，并且知道该如何安慰和鼓励身处困境的人，所以很多人都愿意与多向思考者为友。不少多向思考者会把这种特质作为自己从业的优势。

心有灵犀

多向思考者有能力注意到他人的肢体语言，觉察到他人细微的语调、表情变化；有能力感知他人的情绪，以此了解他人的想法。对大部分多向思考者来说，觉察他人的情绪状态、了解他人的期待和想法是自然而然发生的事情。但是，这种自然而然的对他人的关注，却有可能让那些不够真诚的人感到不安。

克里斯汀向我讲述道："前天，我顺路去一位朋友家送一本书。她不在家，是她丈夫给我开的门。这对夫妇正准备离婚，丈夫认为妻子是被她的朋友们（尤其是我）鼓动，才决定离婚的。我立刻就发觉了他对我的满腔怒火，听到了他不敢对我喊出来的所有辱骂。他感觉自己被我看穿，我也清楚地觉察到他因此而更加恨我。我很快就离开了，花了很长的时间来消化他传递给我的所有负面情绪。"

由于多向思考者非常善于揣测人心，所以他们会认为他人也能猜到他们在想什么。他人如果表现得漠不关心，他们会认为他人是蓄意而为。如果多向思考者能够理解"一般人"很难读懂肢体语言，以及很难了解他人的想法和情绪，那么他们就会知道他人的情况并非如自己所想，同时会感到宽慰，也不再期待着有一天他人也回报给他们同等品质的关心。

超级清醒

来访者安妮跟我说："我什么都看得到，什么都知道，没有什么能够逃过我的眼睛。一个人有没有洗澡、是不是还穿着昨天的衣服、刷没刷牙，我全都知道。我还看得到没擦的鞋子、开了线的裙摆、掉了的纽扣。我能注意到所有的细节，哪怕是最微不足道的，这使我能从整体上感知一个人。只要看看对方的穿衣打扮、姿势态度、谈吐方式，我马上就知道自己在跟什么人打交道。事实上，不是我想要知道，而是我没法不知道。我知道我的敏锐会让人不舒服，因为即使我什么都没说，人们也会觉得我对他们一清二楚，和我在一起的时候他们就会很不自在。当我看出他人在自欺欺人、毫无逻辑地思考且越陷越深时，我说的每一句话都可能让他们感到痛苦，因为我所说的正是他们想要逃避的现实，或者是他们拒绝面对的问题。在任何情况下，我都能一眼看到问题所在，也知道该怎么做才能改变现状。我总是能提前知道接下来会发生什么，这让我感到困扰和疲惫。我甚至觉得非常孤独。"

觉察与洞察似乎只有一步之遥，大部分多向思考者已经迈出了这一步。洞察力，并不是什么魔力。多向思考者只需要留意所有的细节并将它们串联起来，就能了解那些没被讲出来或表现出来的东西。

"有一次，一对夫妻和我说他们很恩爱，但我想说他们并不是真的相爱。为什么？我也说不清楚，就是一种直觉。整个晚上他们连一次默契的眼神交流或者温柔的动作都没有。"安妮继续说。安妮的断言遭到了他人的反驳："不会吧，你总是那么消极！那不过是因为他们没有单独在一起！"几周后，这对夫妻离婚了，所有人都很吃惊，安妮则感到沮丧。因为她虽然没说错，却被当成了"乌鸦嘴"。因此，她只能避免把自己看出来的事情跟别人讲。多向思考者就像卡珊德拉一样，早早就能看到、听到和感受到很多东西，却不得不保持沉默，因为没有人想听她的"预言"。

卡珊德拉综合征

卡珊德拉是特洛伊城的一位美丽的公主，她有众多仰慕者。为了有朝一日能娶她为妻，仰慕者们都全力拥护她的父亲普里阿摩斯国王。太阳神阿波罗也爱上了卡珊德拉，卡珊德拉答应了与阿波罗结婚，但她有个要求，就是阿波罗要教她占卜术。然而，卡珊德拉学会了占卜术后，就改变了主意，拒绝嫁给阿波罗。阿波罗为了报复，诅咒卡珊德拉：没有人会相信卡珊德拉的预言。尽管卡珊德拉预测到了不幸的未来——特洛伊王子帕里斯在从巴利到斯巴达的途中，特洛伊城会中木马计，自己的国家将会灭亡，但城中没有一个人相信她的预言。

我们用卡珊德拉这个故事来形容有些人虽能预测未来，却无法阻止将要发生的事情。这正是多向思考者普遍面临的问题。对于"卡珊德拉综合征"，我们可以有不同的解读。

第一种解读是，多向思考者因知道太多事实会感到痛苦与孤独。他们想要发挥作用，避免不幸的事情发生，却会因此遭到同伴的驳斥，并被视为扫兴之人。一旦他们所言之事成真，多向思考者也没法提醒别人自己预先提醒过。如果他们说"我早就告诉过你们"，他人也只会恼羞成怒，而不会客客气气。

第二种解读是，多向思考者会感觉心有余而力不足。日本有一句谚语说："突出的钉子招锤打。"言外之意就是要受人欢迎，最好是因循守旧遭遇失败，而不是打破常规获得成功。大家一起犯错，好过独自一人避开惩罚。这就是俗话说的，要"懂得与狼一起嗥叫"。然而，有些多向思考者非要冒着成为笑柄的风险，坚持喊出他们看到的真相，即使这意味着对牛弹琴。话说回来，让他人发出笑声可以使自己的声音被听到。比利时演员让–克劳德·范达姆似乎对此心知肚明。他逗笑了所有人，而且因为别人也常用他的话来取笑他，所以他说的话最终得到了广泛的传播。这是呈现个人的想法与意见的一种方法。在某个瞬间，取笑他的人也有可能陷入沉思，然后说："原来他说的都是真的啊！"

第三种解读是，让别人相信自己非常重要。阿波罗选择的报复方式很好：让卡珊德拉备受折磨地体验到，如果不能让别人相信自己，那么拥有占卜的能力也毫无用处。因此，多向思考者要发展出强大的影响力，才能和大众分享自己对未来的看法。此外，多向思考者也不能低估了说出相反意见可能遭遇的困难。当大家都拥有共同的信念时，任何与集体不一致的声音都是不被允许出现的。如果所有人都相信事态正在恶化，即使有确凿的证据证明情况恰恰相反，也很难让人们回归理性。同样，在欢欣鼓舞的热闹场景中，也没人听得到警世名言。不过，这就和卡珊德拉综合征没关系了。

多向思考者表现出患卡珊德拉综合征的症状，无非是想让他人从他们的预测中受益。但是，有些事情只有自己经历过才能汲取教训，每个人都需要通过犯错来学习。因此，请让每个人都按照自己的节奏去发展。如果犯下的错误会导致很糟糕的后果，你可以试着非常谨慎地给出一两次提醒，或提一下对方忽略了的问题。如果对方不想听，就尽快闭嘴。你可以像神探可伦坡[①]一样单纯地发问，目的只是帮助他人思考。比如，"把洗衣机放在阳台上真是个好主意，能节省不少空间。那如何排水呢？你是怎么想的？"

神秘体验

多向思考者在一开始与他人接触时，会小心翼翼地测试对方接收信息的能力，同时保持警惕，随时准备在对方表现出丝

---

① 美国系列侦探悬疑剧《神探可伦坡》中的主角。——译者注

毫不信任的迹象时掉头就走，因为他们很怕被当成疯子；而一旦感到被理解、被认可、被信任，一旦对方的注意力和倾听质量达到他们的期待，多向思考者会感到获得了超乎寻常的体验。比如，心灵感应、感受到纯粹的爱与和平、洞察一切、与大自然融合等。

来访者皮埃尔犹豫了很久才告诉我，有一天他坐在金雀花丛中，面对着一片美丽的风景，渐渐进入沉思和冥想状态。突然之间，他感觉自己成了金雀花丛的一部分，沉浸在一种难以言表的宁静和无处不在的爱中。这是一种令人心绪不宁的体验，很难解释，更不容易坦诚地说出来。

泰勒是一位理性的科学家。然而，她体验到了一种奇怪的意识扩张现象。她还描述了自己跟宇宙融合的状态，她感到自己沉浸在宇宙之爱中。

其实这一切并无任何神奇之处。从科学的角度讲，皮埃尔和金雀花是可以以兄弟相称的。因为在人类的基因中，有 4 种核苷酸是地球上所有的生物都有的。多向思考者发散的思维方式，让他们感受到自己是自然或宇宙的一部分，并让他们对各种形式的生命都怀着极大的尊重。

我的来访者有时会谈到他们能感到某些超自然现象的存在，或者会和我说他们做了一些特别逼真的噩梦，甚至在醒来时无法分辨自己刚刚到底是做了一个噩梦还是去了一个平行世界。我听到过许多关于超自然天赋和神秘体验的故事，我相信那些向我描述它们的多向思考者都是真诚的。不过在本书中我不打算探讨这个方面。

在前面的内容中，我们探索了你因灵敏的五官而形成的超级敏感的特质，现在，我们要花点时间来观察一下，你身上超级灵敏的"感受器"是如何接收信息的。也许一直以来你都不能和真实的自己和解，但现在是时候接受自己并为自己感到骄傲了。

请你从异常灵敏的感觉中寻找乐趣，随着信心的不断增加，你会意识到自己有多么大的潜能。比如，只通过气味和走路的声音，你就能辨别出对方是谁；你可以品尝出一道菜用了什么配料；你能从一段乐曲中分辨出哪些部分是由长笛演奏的。请你相信自己的洞察力与直觉，它们可以帮你注意到和回想起无数的细节。

在下一章，我们将一起了解你的左脑和右脑。

第三章

不停歇的大脑使你的思维更加活跃

左脑和右脑的区别

在本部分的前两章，我们一起了解了多向思考者的超级敏感的特质及其出现的原因。现在，我提议我们一起去探索一下多向思考者思维的独创性与力量。

一些人认为，人类的大脑都是相同的，思考和反应的方式也只有一种。其实，这是长期以来的一种错误认识。从生物学的角度来讲，我们的大脑是由两个半球组成的，它们仅通过胼胝体相互关联。

在主持一个关于左脑和右脑概念的研讨会时，会议一开始我就在黑板上画了图1。

　　随后，我问与会者们从这幅图中看到了什么。大家的回答几乎一致："一张带着微笑的脸。"紧接着，我又在这幅图的旁边画了图2，还没等我转身，就有人脱口而出："这张脸看上去可不太高兴！"我顺势问大家为什么觉得这是一张脸，还有是怎么看出来这张脸的表情的。

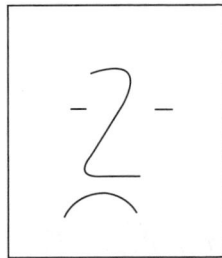

图1　　　　　　　　　　　　图2

　　之后，大家七嘴八舌，说什么的都有。"嗯……因为它有眼睛、鼻子和嘴巴，所以它就是一张脸啊。""不对，我根本就没有看见眼睛、鼻子和嘴巴，只看到了几条直线和曲线。""有啊，那嘴巴明明在微笑。""嘴巴？哪里有嘴巴？那里明明只有一条曲线。"客观来讲，这幅图中并没有脸，但是很多人都看到了脸。当然，也有些人没有看到。这正好说明了人类的大脑有左、右两个半球的存在。由左脑主导思考的很多人，只能看到图中的直线和曲线，更有甚者，只能看到一个数字2，这是因为左脑主导者擅长识别符号；而右脑主导者看到这两幅图时，会立即说这是一张脸，还能描述出脸上的表情。他们无法说清楚这是如何做到的，因为他们不太擅长用语言表达。

左脑主导者善于进行线性思考，做事情有条理，擅长口语表达及数字计算。他们知道如何对事物进行命名和描述，也熟悉运算的规则。由于他们擅长分析，因此他们能将整件事分割开来，再循序渐进、一步一步地去处理。也有人说左脑主导者擅长识别符号、精于抽象思考且具有理性与逻辑性。他们在执行各项任务时有次序、步骤，能分析因果关系，在执行过程中会推导出一系列结论，最终得出唯一的解决方案。左脑主导者能认识到自己的独特性，因而他们较重视自主性。

右脑主导者是活在当下的。他们相信自己的感官接收的信息、自己的直觉与本能。他们倾向于从整体上感知事物，利用微不足道的细节还原整体。通常，右脑主导者很难解释他们是如何知道某件事的。他们的树状思维非常发达，这有助于他们获得更多的解决方案。右脑主导者是感性的、情绪化的，所以我们可以说他们是非理性的。他们觉得自己不仅属于人类家庭，也属于整个生命世界，因此，他们会以无私和慷慨的眼光来看待生命。

左脑和右脑有各自的语言。左脑的语言被称为数字语言。它是一种理性的、有逻辑的语言，用来解释、解读和分析。显然，在科学、教学等领域中，数字语言是被使用得最多的语言。不过，使用这种语言时，人无法从整体的角度来观察事物，尤其人在被情绪影响时，它将无法发挥作用。

右脑的语言被称为模拟语言，这种语言包含图像、符号及隐喻意义。它是一种综合、全面的语言，被用来从整体的角度描述事物。右脑的语言也是表达幽默感的语言。这种表达方式对左脑主导者来说很难实现。

由此，我们可以看出，左脑主导者和右脑主导者在信息处理方式上有所不同，会对不同的事物感兴趣，想法会不一样，因此个性也不尽相同。左脑和右脑的运行方式是如此不同，我们可以认为它们也有自己的"个性"。一个人的思考方式和心态取决于其推理中心所处的位置。多向思考者普遍是右脑主导者。左脑和右脑之间的差异非常之大，如果不是共享神经通路的话，它们就像是来自不同的星球。

如果你认为他人的思考方式跟你一样，那你就会希望无须多说对方就能明白你的意思，而且会在某些事情发生时做出与你相同的反应。每一个社会都有其隐含规则和运行方式，无须解释，大多数人出于本能就可以了解这些规则和方式。西方社会现行的规则非常适合左脑主导者，而多向思考者却认为一些规则模糊不清。从童年起，他们就经常身处一些尴尬和不被人理解的情境中，被人指责愚蠢或无礼。在学校里，他们被贴上"不守纪律""思维混乱"的标签。他们努力尝试消除误解，情况却往往变得更糟。成年后，他们因为对隐含规则不理解，被其他人说是故意装糊涂。多向思考者总是游走在"犯错"的边缘，而且经常会在社会交往中感到不适。有时候，在一场轻松的谈话过程中，多向思考者会突然沉默。如果问他们为什么沉默，他们会感到不安和尴尬，因为他们无法解释在轻松的互动中到底发生了什么事使他们突然如此。这种不和谐使他们的社交活动变得复杂，而且让他们疲惫不堪。他们不明白为什么对别人来说非常简单的事，自己却感觉如此艰难？

左脑主导者和右脑主导者最明显的差异也许体现在幽默感上。来访者杰罗姆告诉我："我最讨厌的事，就是有人讲笑话。我只要一想到笑话很可能一点儿都不好笑，而我还必须笑，我就感到很紧张。很多时候，我听到的笑话都很无聊，但我还得隐藏真实的想法。"

其实，多向思考者是有幽默感的，但他们的幽默非常具有个人色彩，以至于就算在多向思考者之间也很难分享。杰罗姆觉得好笑的笑话，很可能对左脑主导者来说一点儿也不好笑。

左脑主导有助于人们理解、落实计划。如果你想要开发左脑，可以尝试以下活动：阅读和写作；回到学校学习；完成一些需要集中注意力的精细的任务，比如修理或者缝纫；做一些运动，比如武术运动，它能够帮助你提升耐力、增强毅力。

右脑主宰着创造力。如果你想要开发右脑，可以尝试参与一些艺术活动，比如，绘画、拼贴、陶艺、舞蹈、弹奏乐器等，这些活动都可以开发右脑。还有一些活动可以帮助你缓解情绪波动，比如，冥想、太极拳、瑜伽等。

不过，我们虽然可以开发非主导脑的能力，但最为重要的是，我们应该接受真实的自己，细细品味自己人生的各种可能性。

多向思考

如树枝般发散的思维

玛侬要写一篇关于意大利文艺复兴的报告。她兴致勃勃地开始着手准备，可是随着了解的加深，她越来越感到不知所措。她的每一个发现都会引发新问题，而新问题又会带来更多的新发现。要讲的东西太多了，怎么在如此丰富的信息中做出选择，孰轻孰重，成了一个难题。在好奇心的驱使下，她沉浸在各种发现之中。她深入研究了一位画家，非常喜欢他的作品。这位画家的名气没有其他意大利画家那么大，所以她很想在报告中突出一下他的重要性，以此来平衡这种不公。可是，绘画只是文艺复兴的一个方面，还有那么多伟大的哲学家也参与塑造了那个时代。她认为也需要讲一讲米兰多拉，不过要讲他，不读他的著作怎么行呢？于是她一头扎进了哲学著作的海洋。是不是还要讲讲其他哲学家呢？于是她又看起了伊拉斯谟的著作。这让她离主题越来越远，可是玛侬觉得这些哲学家的思想真是精妙绝伦啊……突然之间，她意识到自己偏离了主题，于是她又想重新聚焦。"对了，我不能忘了讲科西莫·德·美第奇，他不仅是一位人文学者，还是一位政治家。"玛侬重新开始了她的研究。没过多久，她又开始想象自己是宫廷中的一位优雅的贵妇，正挽着一位骑士的手臂，出席卡雷吉奥庄园的宴会。然后她猛然惊醒——时间飞逝，她的报告还没有搭好框架！但她又意识到佛罗伦萨的文艺复兴只不过是意大利文艺复兴的一个缩影，她还需要谈到罗马、威尼斯等地的情况……玛侬非常失落，这个报告写不完了！

　　玛侬想为那位名气不大的画家扬名，还想与大家分享她对伊拉斯谟的研究，但如果这些想法成为她报告的主要内容，那么她的报告很可能就会显得混乱、零散、不连贯，甚至离题千里。老师不会知道为了完成这份作业她花了多少时间，也不清楚她在做作业的过程中有多少新发现，因为她细致的挖掘工作并没有通过她的报告体现出来。

　　和玛侬一样，作为多向思考者的你也拥有所谓的树状思维。这意味着你的 1 个主意会引发 10 个想法，每个想法又会衍生出 10 个新的主意，然后无限循环下去。也正因为如此，你的大脑一刻也不停歇，总会有新的想法和主意出现。如果你像玛侬一样，想深入探索每一个新想法的方方面面，还想把它们都搞清楚，那你可能会花费很多时间和精力，而这一切都取决于你对精确度的要求。

从玛侬的思考过程中，你可以看出这是一种如树枝般发散的思维方式。如果有人让玛侬再现意大利文艺复兴时期某个人的一天，她一定会非常开心。她会围绕着这个人物进行更多的研究，比如这个人吃什么、穿什么、玩什么、去哪里等。对于多向思考者来说，他们需要选择一个恰当的元素，来让他们收集到的所有分散的数据自动重组。

因此，如果你像玛侬一样拥有树状思维，那你可以寻找一个恰当的元素作为主题进行信息收集。为了不让自己的思维过于发散，你可以时不时问自己："我为什么这样做？我的主要目的是什么？"

树状思维在寻找解决方案时特别有效。线性的思考方式是连续性的，人们会接连产生想法，而树状思维则可以以并行的方式同时探索多条路径。这样的思维过程对多向思考者来说是自然而然、在无意间发生的，多向思考者可以迅速提出解决方案，但他们无法解释这样的解决方案是如何想出来的。

来访者克里丝汀一直以为自己是根据直觉来选择住所的，但她却惊讶地发现这些一下子就被选中的住所都很契合她的标准：实用的公寓，房间数和壁橱的数量都刚刚好，光照充足，周边设施完善，交通便利。由于决定的过程非常迅速，所以她认为自己的决定都是凭感觉做出的，但实际上，一切都是经过深思熟虑的！她的大脑早已收集了相关信息，因此她毫不犹豫地就做了决定。对右脑主导者来说，决策是一门艺术：要不就是如闪电般迅速地做出决定，要不就是犹豫不决、无法做判断。

右脑主导者的神经传导速度更快，他们的神经元网络的构成方式使他们能够同时处理更多的信息。因此，树状思维被认为是更高效的。然而，在西方社会中，左脑主导者往往能更平稳地度过学生时代，更容易在社会中找到自己的位置。

对复杂性的需要

如果多向思考者不需要努力集中注意力在某个特定的话题上，那么他们的树状思维就会以自动的模式来运行——从一个主题跳到另一个主题，周游于不同的想法之间。多向思考者知道自己是个梦想家，常常心不在焉，而且不太有条理。因此，他们很难相信自己有什么过人的智慧。举例来说，他们会突然发现自己站在厨房里，手里拿着一把勺子，却不知道自己要干什么。他们需要一点儿时间才能回想起自己的行动目的："哦，对了，我是来找果酱的！"

来访者罗朗是一家酒吧的服务员。他向我讲述道："真是太奇怪了。露台上客人很少的时候，我必须把他们点的菜都写下来，要不然我走到吧台时就忘了，而且我必须用计算器来算账。可是，当酒吧人很多时，我却能放下笔和本子，用脑子记住客人点的东西，而且不用计算器，心算也能算得飞快。送餐和找零也从没出过差错。真搞不懂！"

我把多向思考者的树状思维比作一艘气垫船。它需要一定的刺激才能启动，而且一旦达到最佳状态，就能以令人陶醉的速度去处理数据。没错，就是令人陶醉！所以，你的大脑也需要被一些复杂的事情刺激，才能表现出色。当你的大脑被足够大的数据量和足够复杂的问题充分调动时，你就会获得一种强烈的快感。在这样的时刻，做一个多向思考者可以说是非常美妙的，你能够体会到大脑的能量。不过，你通常会和罗朗一样，只记得那些注意力涣散、不太专注的时刻，并以此来评判自己的智力水平。谁说我聪明来着？完全不是这样的！

树状思维的缺点

树状思维也存在一些缺点。它会突然使你兴奋和抑郁。你一边想着"如果……就太好了"，一边心情愉悦地畅想未来。但转瞬间，身处积极情绪中的你可能会无缘无故地改变思考的方向："但是一定不能……"一下子，你就陷入了消极思考的陷阱。这就是为什么人们经常把多向思考者与躁郁症患者相混淆，甚至还会给他们贴上双相情感障碍的标签。因为他们的情绪变化如此快速，如此极端！多向思考者自己也搞不清楚为何会一下子从开怀大笑到泪眼婆娑。他们的情绪如一阵风，来得快，去得也快。

多向思考者需要掌控自己的思维。你可以在思考的时候观察自己：放慢你的思考速度，看看你是如何从一个想法跳到另一个想法的，让这个过程变得清晰。你可以时不时问问自己："我思绪的起点在哪里？我为什么会出现这个想法？"慢慢地，你就可以掌控思维的进程，从而改变自己的情绪。

举个例子，你走在人行横道上，正准备过马路。这时，一辆车飞奔而来，与你擦身而过。这让你胆战心惊，脑子里出现车把你撞倒的场景。到此为止，还没有什么异常，因为每个人都会有这样的反应。只要深呼吸一下，你就可以恢复正常生活的节奏。但如果不加控制，你的大脑就会不停地想下去。"如果我被撞死了怎么办？"于是，你想到了银行、保险，以及如何安排葬礼。一想到家人的悲痛，你瑟瑟发抖，于是清醒了过来。"够了，不会那么糟糕！我可能只是受伤。"然后你又想到了救护车、医院、耽误工作。如果那个莽撞的司机愤怒地按了喇叭，那你还会产生更多的想法，把脑子塞得满满的，对吗？

你甚至会花上好几个小时来仔细思考这场事故可能带来的负面影响。很多编剧都会羡慕你，因为你可以基于一个简单的场景延伸出无数的情节。但是，这些反复的咀嚼不过是在浪费时间，只会让你沉浸在压力和焦虑之中。

只有你才能跟自己说："停！没有发生什么事。那辆车已经开远了。我还活着，而且身体健康。我不会因为这件事而情绪低落。与其东想西想，不如把这些时间利用起来，好好想想怎样才能度过一个美好的夜晚。"你需要依靠意志力来掌控自己的思维，坚定地拒绝那些无用的负面想法。总之，你需要控制自己，避免漫无目的地胡思乱想，有意识地掌握自己的思维。

你拥有强大的想象力，它可以让你像体验现实世界一样感受想象中的世界。所以当你感觉抑郁或焦虑时，你可以有意识地让自己想一些开心的场景以调整情绪。来访者哈桑微笑着对我说："的确，我只要想到我的小宝宝，就会感到眼前一片光明。他4个月了。他的笑能让我忘掉所有烦心事。任何烦恼都无法影响他的出生带给我的幸福的感觉。"那你呢？想象什么样的场景会让你变得开心？

这样的想象能给你带来快乐，但也存在一个缺点。它有可能会让你在真正享受快乐之前，就在大脑中感受过快乐了。比如，你费尽心思制订了一个令人兴奋的旅行计划，但在到达目的地前，就已经靠想象体验过游玩的乐趣了。来访者科琳娜和我说，她曾制订过全家的度假计划。她确定需要参观的地方，了解古迹及其历史，预订酒店和门票，一切都考虑得非常周到。她想她的假期一定会很完美，没有任何意外能够破坏这次旅行。但是到了目的地后，她发现她已经没有任何新鲜感了。她的丈夫感到很奇怪："科琳娜似乎对这个地方一清二楚，就好像她每年都来一样。"

为了避免迷失在自己的思维迷宫中，很多多向思考者都有自言自语的习惯，这样做能够使思考的速度减缓。如果你也有自言自语的习惯，请放心，你并不是疯了！相反，这能使你的思绪平稳。不过，当你自言自语时，还是要留意听到你的想法的人是谁，他会怎样推断你的心理健康水平。你还可以在自言自语前和周围人说："不好意思，我有自言自语的习惯，希望不会打扰到你。"

大量的疑惑和问题

还记得弗朗索瓦吗？他说他在我的咨询室拐角处的报刊亭待了3分钟，问了自己20多个问题。这一点儿都不夸张，拥有树状思维的多向思考者就像一个专门制造疑问和生产问题的工厂。

在我与多向思考者互动的过程中，多向思考者会没完没了地向我提出问题，并且要我给出精确的答案，这让我疲惫不堪。他们的问题很尖锐，我不得不做很深入的解释。他们反对我的观点时也有理有据，我必须去论证和详细说明我的观点。只要他们有一个想法可能站得住脚，多向思考者就会停下来，看看从哪个角度来反对我的观点才比较有力。他们常说："你说的没错，可是……"他们对犯错的恐惧和对被欺骗的恐惧交织在一起，这使他们会一再确认对方的说法。下一次咨询时，同样的问题又会冒出来："你怎么能确定我真的是多向思考者？"我的工作周而复始。所有的心理建构就好像沙堆一样，在他们的疑虑面前不堪一击。

在某种程度上，这种"不信任"是积极的。在一个不停运动的世界里，一把椅子的密度也是相对的。一些之前确定的科学论点也常常被新发现颠覆。所以，接受对你以为确凿的事情的质疑，能很好地证明你的思维具有开放性。幸好还有不同的观点来质疑那些被普遍认可的信念！懂得自我批评，代表你拥有谦逊的态度；允许他人从不同角度思考，说明你有广阔的心胸；在接收信息之前先确认信息的准确性，也是谨慎和成熟的标志。但是，一切都应适度。太多的怀疑、太多的问题会阻碍思考。如果生活中的一切都是不真实的，如果一转念就能推翻一切的话，你就会感觉自己生活在一个不稳定和不安全的世界中。那些让脑子打结的问题可能会令你焦虑和痛苦——我们为什么活着？为什么会死？为什么有这么多的痛苦和荒谬？

之所以会产生疑惑与问题，是因为多向思考者对复杂性有需求，他们的大脑像一个磨盘，如果没有可供研磨的谷子就失去了存在的意义。但有些问题是没有答案的。

所以，如果你总是倾向于质疑自己的思想和自己存在的意义，那你就容易焦虑、丧失自信、对自己的身份不认同、过多听从外部意见。这会令你的核心信念动摇，从而被他人掌控。

不断在过去和未来之间来回穿梭

马丁正坐在露天剧场的前排看演出。他心想，自从古代发明了最初的圆形剧场以来，就没有过比这更好的建筑物方面的设计了。一想到古代的希腊人和罗马人热爱戏剧，他就觉得自己与他们很亲近。他想象着他们身穿长袍，坐在石阶上，在一片星空下等待演出开始，就像他一样急切。今晚上演的是莫里哀的一出戏剧，采用了非常现代化的舞台设计。戏剧的主题完全没有过时！每次观众发出笑声，马丁都会想到，这些台词已经有 300 多年的历史了，300 多年前这出戏剧就会引发观众的笑声；300 多年后，马丁和其他观众还会在剧场里因为这些台词而笑出声来。

和马丁一样，多向思考者的思绪几乎从不停留在当下，而是不断穿梭在过去与未来之间。

一个 6 岁的小男孩在夏令营的营地给他的父母写信："这里太棒了，如果有一天我忘记了，希望有人能帮我回忆起来！"从信中我们可以看出，这个孩子已经意识到了要制造回忆，还想到了未来自己可能会遗忘。又如，3 岁的梵妮莎非常认真地对 60 岁的邻居奶奶说："等我长大了，我的妈妈就到了你现在的年纪，而你已经去世了。"这个说法原本有可能让邻居奶奶不快，但是邻居奶奶智慧地回答道："噢，亲爱的，你已经完全理解了生命！"从梵妮莎和邻居奶奶的对话中，我们能看出，这个小女孩已经理解了时间的流逝及人在时间面前的脆弱与无奈。

"妈妈，你会死吗？"孩子忧心忡忡地问道。"只有等我老了以后，才有可能！"母亲试图安慰孩子。但是那些多向思考的孩子知道，生命是脆弱的，每个人都有可能在某个时间意外地死亡。他们的焦虑持续存在，那些常用的安慰的话根本无法缓解他们的焦虑，因为他们觉得那些话缺乏可信度。

多向思考者的树状思维，使得他们乐于探索每个事件的可能选项，加上他们的思绪不断在过去与未来间穿梭，因此他们能够做出既明智又谨慎的决策。在行动之前，多向思考者总是会结合历史的经验教训和未来的各种可预测的后果去分析每一种可能性。因为他们清楚自己只是社会生活的一部分，所以他们做决策时不会只考虑自己，还会考虑到有可能对他人产生的负面影响。这样做出的决策是友好的，因为这些决策尊重个人、家庭及其他人际关系。由多向思考者做出的决策，几乎不可能有碰壁、失败、弊大于利的风险。我们回头想想可怜的卡珊德拉，她虽能预言，却不被人们相信。很多谨慎的多向思考者只能眼睁睁地看着人们不假思索、不计后果地投入行动，他们就像银幕前已经看到了危险的观众，即使和电影里的主角说"小心"，也无济于事。

在晚间新闻里，主持人谈到耳机音量太大会增加失聪的风险。新闻画面里一位戴着耳机的年轻女孩接受了采访。她说："如果总是要考虑行为的后果，那我们就什么都不要做了！"而在电视机前，多向思考者却惊呼："怎么可能不考虑自己行为的后果呢？"

然而，生活是需要在当下体验的。你在结束了精神上的探索后，还是需要学会关注当下，一些非当下的事情，请以后再去思考吧！你要依靠你敏锐的感官去发现美、聆听旋律、感受空气的温柔、细细品味美好的生活。所以请停下脚步，深深地呼吸。你是如此鲜活，就在此时此刻！

不断转动的磨盘

不需要我说，你就能意识到自己的大脑像一个不断转动的磨盘，也有人将之比作一辆不停转动车轮的自行车……我认为这个比喻并不准确，因为骑车的人有时会很吃力，上坡的时候更辛苦，而多向思考者的思绪往往自然流畅。我想，用转动的磨盘来比喻多向思考者大脑转动的情形更为贴切，因为它除了强调了磨盘的转动，还强调了磨盘磨面粉的功能，代表着多向思考者美妙的大脑既不停转动，而且转得有用。当有好的谷物需要研磨时，你的大脑是快乐的。你乐于不断学习新的知识和面对挑战。承认吧！你对所有事情都很好奇，你热爱学习。此外，如果有四五项任务需要你同时完成，那你会感到更快乐。

突然之间，吉斯兰意识到自己产生了一种挫败感："我一直特别想学英语，但周围人告诉我，在我这个年龄学英语对我来说毫无用处！所以我一直没有报名，尽管我家附近就有上课的地方。"在我们的谈话结束时，吉斯兰决定，不管怎样她都要去学英语。她的决定是对的，因为如果磨盘空转，无聊和忧郁很快会随之而来。很多多向思考的儿童也会和我抱怨："我在学校很无聊，什么也学不到。"他们因为缺乏可供琢磨的东西而感到沮丧。

我认为，一部分患有抑郁症的人，是那些大脑一直在空转、无事可琢磨的人。因此，我觉得治疗抑郁的好方式是让自己忙碌起来，不断学习新知识，让自己有价值。提供良好的精神食粮给大脑这个磨盘，才能让多向思考者不至于陷入低谷。

最后我想说的是，不让任何人往你的磨盘里掺沙子非常重要，因为这会影响磨盘正常工作。不幸的是，当多向思考者遇到了有自恋人格障碍的人时，就会出现上述情况。通常来说，多向思考者是勇敢和高效的，他们知道如何应对困难和复杂的情况。只要他们收集到的信息客观、准确，找到解决办法对他们来说就没有太大问题。但是有自恋人格障碍的操纵者会操纵和篡改数据，他们欺瞒、撒谎、自相矛盾，故意把人搞得团团转。大多数多向思考者天性善良，他们很难想象谎言、欺诈和恶意的存在。随着时间的推移，他们只会越来越不理解自己周围出现的"扭曲"的情况，这可能会把他们逼到发疯。

多变而又神奇的记忆

多向思考者对于自己的记忆力有着矛盾的看法。有些时候，他们会觉得自己拥有不可思议的记忆力——他们能回忆起多年前的场景、服装的细节、无关紧要的对话。但当他们需要记住一些重要但枯燥无味的数据时，他们就会感觉自己的大脑转不动了。要把这些无聊的信息塞到这个叛逆的大脑里是不可能的! 那么, 多向思考者的记忆 "存储器" 是如何运行的呢?

如果多向思考者所经历的情景不涉及重大问题, 那么他们清醒的头脑会自然而然地捕捉、筛选和储存信息。这些信息可以被毫不费力地调取出来, 或依靠发散的联想自然地呈现出来。比如, 当提到苏菲婶婶时, 你会立刻提取出与她相关的记忆信息——在她女儿的婚礼上她穿了什么礼服, 在一个无关紧要的情景下她说了一句什么话, 她的生活中最近发生了什么事……这些信息都是自然而然出现的, 不需要思考。然而, 如果你被要求要记住某件事, 特别是别人向你施加压力时, 你的大脑反而会卡住。

你在学习方面的记忆力, 通常也是由 "心" 来决定的。如果你对所学的内容感兴趣, 那要把它们记下来, 就易如反掌! 如果你的老师热情友好, 也对你的记忆力有很大帮助。一旦你发现了学习的乐趣, 存储信息对你来说一点儿都不难。相反, 如果你对学习内容不感兴趣, 如果主题看起来无用又乏味, 如果老师冷漠或不友好, 那么即使你试图说服自己要好好学习也毫无用处, 你在学习之路上将不可避免地遇到阻碍。清除这些阻碍的唯一方法, 就是在另一个层面上为你正在学习的内容重新赋予意义, 让自己觉得这些内容有用或有趣。

在学习课程时, 很多多向思考的高中生陷入了困境, 因为他们发现这些课程内容荒谬、与现实生活脱节, 一切都缺乏意义。然而，有时候只需要把正在进行的学习内容放入整个学年这个更大的框架之中，或者有人向他们解释一下这些课程内容如何运用在日常生活中，就足以让他们的课程学习重新获得意义。此外，还可以将高考作为一款电子游戏介绍给他们：要想晋级，并不需要过多思考为什么要找到一把宝剑、一瓶药水或者一枚戒指。重点在于只有获得足够的分数，才可以进入下一关。学习也是如此。他们就算不喜欢某门学科，依然可以去学习并努力获得所需的分数，以便未来可以去做其他的事情。高考也可以被视为一座桥，每一门学科都是这座桥上的一块枕木。当然，他们应该更换那些磨损了的枕木，以便顺利从桥上通过。多向思考者的大脑还喜欢接受挑战。因此，将学习视为一种挑战，能够激发多向思考者的学习兴趣。

为了有意识地记忆，你需要利用自己的联想，利用头脑中的图像，利用格言，利用与其他信息的关联（如形象、逸事、口诀等都可以）。通常，为了防止大脑分神，你需要同时进行其他活动来让它保持繁忙。请记住，你的大脑需要复杂性，需要同时处理多项任务。动起来，比如一边学习一边走路，或者放一些轻音乐来重新使注意力集中等。多向思考的儿童天生就有一心多用的能力。令他们的父母大为困惑的是，这些儿童能一边看电视、聊天或听音乐，一边做功课。在更年幼时，这些儿童能一边在床上翻滚，一边学习，而且学习效率很高。

多向思考者把记忆中的信息提取出来，可以简单得令人猝不及防，也可以非常复杂。简单的是，你只需要确定自己的记忆中有这些信息存在，信息就会自己浮现出来；困难在于不要被怀疑困扰，也不要自我审查。下面我来举一个关于问答比赛的例子。在比赛中，当主持人提出问题后，出于直觉，你想到了答案，甚至常常在主持人的问题还没讲完时你就已经想到了。然后，在其他参与问答比赛的选手思考时，你开始怀疑、否定自己的答案，你尝试寻找其他答案，但由于没有找到合适的，所以你得出的结论便是自己不知道答案是什么。然而，奇怪的是，正确答案正是你凭直觉想到的那个答案。我能看到你对绝对正确的渴望，但有时即使只有90%的正确率，也意味着你的记忆力非常出色，你是可以相信自己最初的直觉的。

然而，多向思考者的大脑虽然可以高速运转，但他们通常缺乏耐力与毅力。虽然人无完人，但多向思考者的确需要投入更多的时间与精力在培养耐力与毅力上。

多向思考者的睡眠

多向思考者的脑袋转啊转，就算夜晚也不停息。许多多向思考者夜里常常会醒、心神不宁，会做很多复杂的宛如现实的梦，经常无法得到充分的休息。他们的大脑就像一台没有被关闭的电视机，总是保持待机状态，只要受到一丝影响就有可能开始运转。除非出现慢性失眠的情况，否则这也不是什么严重的问题。多向思考者通常睡眠较少，有着超常的能量。他们中的许多人甚至认为睡觉是浪费时间，并且不乐意上床睡觉。在白天短暂地打个盹儿，通常足以抵消睡眠太少带来的负面影响。

让·马克是一名记者。他跟我说："多年来，我一直失眠。没办法，我只能尽量找点事儿来做。阅读、写作、查资料，直到睡意袭来，或者家人醒来。在埃里克森催眠疗法的帮助下，我的睡眠质量有所提高。为了获得好好睡觉的能力，我还找到了一个小技巧。在酝酿睡意时，如果我的大脑开始全速运转，我就会给它一些指令：'你想继续转动？也好！那就帮我考虑考虑下一篇文章的主题吧！'听着头脑中的磨坊传来的声音，我进入了梦乡。我还会在床头柜上准备一个本子和一支笔，因为通常醒来的时候，我的脑子里充满了新的想法！"

血清素（5–羟色胺）不足

不过，睡眠不足可能对日常生活中的很多方面都会产生影响，还可能会导致抑郁症。多向思考者往往容易出现情绪、食欲和睡眠等方面的功能障碍。他们的血清素水平似乎对此有很大影响，而血清素水平跟睡眠质量是直接相关的。血清素是一种氨基酸衍生物，在神经系统中扮演神经递质的重要角色。它在调节情绪、饮食、性行为，以及睡眠质量方面起着非常重要的作用。因此，如果一个人出现抑郁症、强迫症、暴食症和失眠等问题，有可能与血清素的调节系统产生故障有关。

以下是一些提高血清素水平，以帮助你恢复平静心态、正常食欲和良好睡眠的方法。

- **蛋白质**。摄入足够的蛋白质是提高血清素水平的方法之一。你应确保自己食用足量的以下食物：家禽、鱼、乳制品、豆类、坚果等。摄入高蛋白也是对抗暴食的主要方法之一。血清素水平下降可能会导致对糖上瘾。如果你对糖上瘾，就需要注意了。

- **运动**。中枢神经系统释放的血清素的量会随着身体活动的增加而增加。所以，运动是良好情绪的保证。许多多向思考者都强烈地感觉到需要运动，并因缺乏运动而痛苦。

- **新计划**。多巴胺，也可被称为"新奇刺激激素"，有助于合成血清素。如果你不断有一些令人兴奋的新计划，那就可以有效地帮助你对抗抑郁和无聊。相反，压力则是血清素的敌人。

- **放松**。由于你的杏仁核超级敏感，因此进行更好的压力
  管理和学会放松就显得至关重要。放松疗法、催眠、瑜
  伽、冥想等活动能够帮助你改善睡眠质量。

最后要说明的是，我提出的这些建议并不是全部都经过了
科学的验证。某些血清素缺乏问题是遗传的，存在这类问题的
人需要终身服用抗抑郁类药物。有些人还可能因其他缺陷或病
症缺乏血清素。因此，在任何情况下都需要咨询医生的建议。

超级敏感、情感丰富、思维活跃、过度反思等特质，有可
能成为多向思考者日常生活中真正的障碍。顺势疗法提供了一
套方法来帮助多向思考者缓解焦虑、预防抑郁、对抗身心疲
劳，以及平复情绪波动。由于这种方法牵涉一大类药物，过于
复杂，不能由自己做决定，因此你最好咨询一下你的医师，并
向他说明你的情况。

多向思考的不同形式

高度脑力开发受困者

高度脑力开发受困者保护协会是一个依照法国 1901 年的
法律在 2003 年建立起来的协会，旨在帮助多向思考者。这个

协会主张，多向思考可能是一种痛苦，甚至是一种障碍。对这一现象的不了解，可能会使多向思考者的生活因遭遇失败而变得混乱，导致他们自尊水平低、情绪低落、备感苦恼却不知道是什么在折磨自己。该协会的经验表明，"成年后发现自己属于多向思考者，然后进行必要的心理重组，缓慢而艰难地接受这一事实，这样做往往足以令生活归于正常。尽管多向思考者在职业和社交方面的失败不可逆转，但抑郁症及其带来的一系列问题最终可以得到控制，甚至能够被完全解决"。

多向思考者在知晓令其感到痛苦的根源时，世界就变得可以理解了。同时，该协会反对为多向思考者贴上负面标签，如"早熟"，并致力于让人们了解由此可能给多向思考者带来的痛苦。该协会还以非常幽默的方式向所有"大脑过热的人"开放，甚至拟定了一份"反过热公约"，并提供善意的帮助。

高度脑力开发受困者这个称呼非常有意思，因为它对应的形象与我们想象中的天才拉开了距离，它包含了所有大脑过度燃烧的人，无论他们的大脑是以哪种方式在燃烧。

- 感觉过于灵敏的人，干扰来自过亮、过吵的外部世界，还有合成香精的强烈气味，虽然它本是用来为我们的生活增添香气的。
- 思绪堵塞的人，因为想法全部同时涌现而无法处理。

- 说话很快的人，是为了跟上自己思维的洪流，但有一些人会因跟不上自己的思绪而口吃。
- 高度情绪化的人，因为一点儿小事就容易脸红、咒骂他人、哭泣。
- 好奇心极强或者很挑剔的人。
- 过于活跃的人，能一心多用的人，偏执的人，像海绵一样吸收他人情绪具有高度同理心的人。
- 阿斯伯格综合征患者。

阿斯伯格综合征：一种特殊的多向思考

金·皮克于 2009 年 12 月 19 日因心脏病发作去世，享年 58 岁。他是电影《雨人》中主角的原型。这部电影使得阿斯伯格综合征为大众所知。然而，并非所有阿斯伯格综合征患者都像电影中的主角那样特别，所以这部电影会给观众留下一些夸张、不真实的印象。这很令人遗憾，因为患有阿斯伯格综合征的人通常都拥有超出常人的智慧和一颗善良的心。

· 典型特征

1944 年，维也纳儿科医生汉斯·阿斯伯格发现，部分孩子具有一些典型的特征。这些孩子会对某些事物有着非同寻常的热情，几乎可以说是痴迷，如水塔、电线杆、有轨电车等。他们可以在自己感兴趣的领域内成为真正的专家，甚至在很小的时候就能够达到很高的水平。这种痴迷令人叹为观止。大卫从5岁起就希望全面了解拿破仑，包括他参与的那些战役；莉亚热衷于了解人体的结构，4岁时她就认识了股四头肌和膝盖后方的腘窝。她可以说出一副骨架上大多数骨骼的名称，还知道如何测脉搏；雅克酷爱鸟类，他对鸟类的热情从未改变过，他还将这一爱好变成了职业。除了这些奇特的爱好外，这些孩子还表现出不寻常的语言能力，能说复杂的词语和句子，甚至带点儿学究气。然而，他们不知道如何参与对话，也难以跟同龄人建立关系。阿斯伯格还注意到他们具有超常的记忆和学习能力，但也伴随着注意力不集中、焦虑和重复性刻板行为等问题，重复性刻板行为有可能逐渐发展成强迫症。这些孩子的表情不多，目光时而游离，时而紧盯着某处。他们的步态看上去比较笨拙，协调性比较差，对某些声音、气味或某些纹理的触感格外敏感。他们对情绪的处理方式同样不同寻常。

他们一直生活在某种焦虑的底色当中。情绪风暴可能会突然出现，并与引发它们的事件的严重程度不成比例。面对一些我们以为应该会触发他们反应的事件，他们则可能表现出与现实不符的淡定。

阿斯伯格综合征的患儿多为男孩，患儿中，男女比例是

8∶1。不过，女孩患有阿斯伯格综合征更难被发现，因为她们的兴趣不会那么非同寻常，而她们的焦虑也更容易被理解。一些心理学家提出了阿斯伯格综合征女患儿的大脑"过度男性化"的假设，她们"系统化"的能力非常强，而一般女性则更善于展现同理心。

·令人疲惫的"适应"

人们常常认为，自闭是自闭人士与外界沟通困难的起因，认为他们不知道如何建立联系、不理解真实的生活和他人，有缺陷的是他们。人们在基因、遗传以及大脑功能中寻找这种疾病的成因。

在多向思考者个体发展研究的实践工作中，我改变了看待这个问题的角度。例如，自闭可能是一种自我保护的方式，以免受到过度敏感和过强共情的影响，因为这会使感官或情感受到伤害。吉尔·波特·泰勒描述的她脑中风时的症状，与阿斯伯格征患者的症状非常相似。她承认在某些人面前必须把自己封闭起来，尤其是那些焦虑的人，否则自己会感到筋疲力尽。阿斯伯格综合征患者有没有可能被右脑过度支配了呢？值得一提的是，阿斯伯格综合征患者是一些极为正直、诚实和尊重规则的人。他们对细节敏感，拥有卓越的记忆力和很强的逻辑思考能力。从童年起，他们直率的应答就被说成是不合时宜的，是无礼的，但事实上，他们的应答结合了客观的事实和真诚的言语。

"妈妈，为什么你要我对邻居太太友好，而昨天你对爸爸说她是毒蛇呢？"可以想象这种天真、坦率的想法无助于改善邻里关系。但成年人根本意识不到，对于一个逻辑性很强的孩子来说，在表达完自己的想法之后紧随而来的是严厉的指责会给他带来多大的压力。在经历了一系列越来越难以理解的压力之后，孩子疲于为没有意义的事情寻找意义。他可能会放弃，然后将自我封闭在丰富而宁静的内心世界中。那么，自闭会不会只是因为失望呢？

人们指责阿斯伯格综合征患者无法解读表情和语调，不会猜测别人的想法、情感和意图。他们的共情被认为是不够成熟的，因为他们混淆了待人友善与表达情感上的关注，不知道如何区分偶然和故意，也不知道如何辨别对方是友好还是怀有敌意。对于许多阿斯伯格综合征患者来说，恶意的确是难以想象的，因为一些恶意的行为往往会适得其反。基于直率的性格和他们的智力水平，阿斯伯格综合征患者很难适应那种不诚实、不道德、不合逻辑和自我矛盾的人际关系。挖苦的语气会深深地伤害他们，让他们气得发疯。最后我们不禁要问这个世界上到底谁才是不正常的人呢？是既不会说谎，也不会认可逻辑不通的事的阿斯伯格综合征患者，还是那些道德上马马虎虎、逻辑上完全混乱的人?

　　当一个患有阿斯伯格综合征的孩子意识到自己的不同之处时,他会对自己产生批判的态度,并感到沮丧,然后他就会逃到自己的想象中。面对其他孩子的嘲笑和欺负,他会把自己封闭在否定和傲慢的世界里面。有时,他也会试着模仿别人,凭借自己的记忆力和对细节的洞察力,他甚至可以成为一名出色的模仿者,他可以通过这种方式赢得其他孩子的好感。但是社交关系会令他感到焦虑和疲惫。因此,患有阿斯伯格综合征的孩子非常需要独处,这样他们才能自我恢复。这种孤独将伴随他们一生,因为他们很少能得到周围人的理解。

　　如果你感到自己与阿斯伯格综合征患者的情况很像,那是不是应该去做一个阿斯伯格综合征的诊断呢?是的,我认为合理看待这种仍然不为人知的痛苦是很重要的。知道自己患有阿斯伯格综合征可以预先调整自己的应对策略,消除不必要的恐惧。诊断还可以让你获得治疗和受教育的机会,让你的实际困难得到解决,最重要的是,最终你能得到接受和支持。周围人应能理解社交互动会使阿斯伯格综合征患者混乱和疲劳,并尊重其独处的需求。诊断还会使阿斯伯格综合征患者的亲属(尤其是配偶)产生积极的改变,阿斯伯格综合征患者可以获得赞美和鼓励,而不是对其社交技能的批评。知道自己患有阿斯伯格综合征,还可以更好地理解自己,实现对自己的身份认同,以及与其他患者的互相认同。通常，在了解了自己的行为方式之后，阿斯伯格综合征患者彼此之间能够友好地相处，特别是当他们的兴趣爱好相同的时候。

下面是利亚纳·霍利迪·维利提出来的自我肯定宣言，旨在帮助阿斯伯格综合征患者接受自我并取得进步。在我看来，这份宣言适用于每个多向思考者。因此，我建议你牢记于心，或将其打印出来放在办公桌上，以便经常重读！

自我肯定宣言

（利亚纳·霍利迪·维利，2001 年）

我不是身有缺陷，我只是与众不同。

我不会为了得到他人的接受而牺牲自己的尊严。

我是一个好人，一个有趣的人。

我为自己感到骄傲。

我能够应付社交场合。

需要的时候我会寻求帮助。

我值得被别人尊重和接受。

我会找到一个适合我才能和兴趣的职业。

当他人需要时间理解我时，我会耐心地等待。

我永远不会否认自己。

我会接受自己的真实面貌。

是否应该进行智商测试

多向思考者迟早都会问自己的问题是，多向思考的能力是与生俱来的吗？需要进行智商测试才能断定自己是多向思考者吗？我不这么认为，我甚至不建议你进行智商测试。自从1912年被发明以来，智商测试一直备受争议，许多著作都批评它并不中肯。

一开始智商测试是为了帮助有学习困难的儿童而设计的。因此，智商测试的目的是检查出低智商儿童，而不是高智商儿童，然后为低智商儿童提供适当的学业帮助。这样做并没有考虑到这可能会导致关于种族和派系的偏见，对于测试结果的使用很快就带来了严重的伦理问题。很少人衡量智商是出于人道主义的原因。人们主要是想确认某些种族偏见是合理的，想要建立不平等的制度，以及证明愚蠢是会遗传的。从试图通过人工授精来大规模制造天才，到为那些被认为有缺陷的人绝育，卑劣的行径屡见不鲜。

这些旨在提高科学严谨性的测试充满了绝对的主观性。智商一词最初是指心理年龄除以实际年龄所得的数字。智商有语言智商和表达智商之分，每一部分又分为7个子部分，旨在体现认知能力、记忆力和总体文化水平。但是智商测试中包含的问题却毫无意义，其描述通常模棱两可。答案是唯一的，所以也没有创造的空间。作家米歇尔·托尔说，这些测试是"校园练习的翻版"。

此外，智商测试并不考虑个体的社会阶层，也不考虑其文化差异。可是，由此得到的数值和受试者的社会职业水平之间却存在着不可否认的相关性。通过一个事实就可以解释这一点：这些智商测试只测量一些特权阶层的人完成对于他们而言较为普通的智力活动的能力，这些智力活动在普通阶层中则并不普通。智商测试在用词方面也是如此，不适用于普通阶层的语言智商。而且智商测试的学术性更适用于来自精英家庭的孩子，他们在这个方面受过更多的训练。那么智商测试测试的到底是什么呢？当然，我们不能否认特权阶层在完成一些有针对性的智力任务方面具有不可否认的能力，但这一切都很矫揉造作。

智商测试是经过精心设计的，其结果在坐标中呈现为正态分布曲线，平均值为 100，这条曲线也被称为"高斯曲线"。

从图 3 中，我们可以看出：

世界上有 95.44% 的人智商在 70 到 130 之间。

世界上有 2.14% 的人智商在 130 到 145 之间。

世界上有 2.14% 的人智商在 55 到 70 之间。

神奇的是，这个世界上智商水平非常低的人与智商水平非常高的人的数量居然完全相同。多么不可思议的均衡！

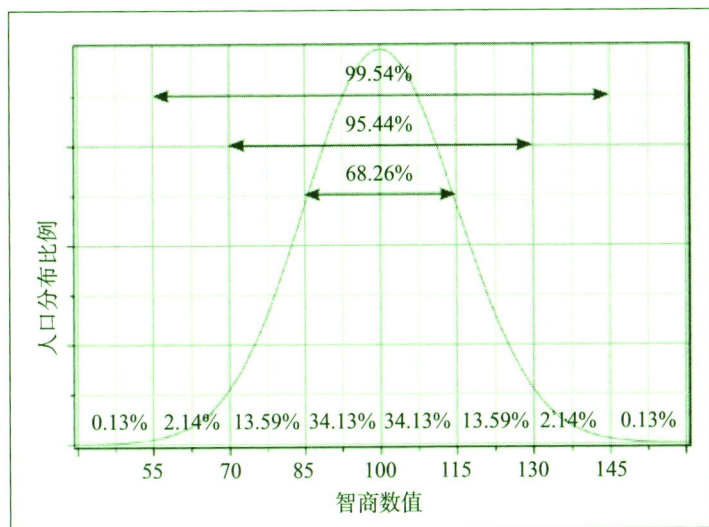

图 3　衡量智商的高斯曲线

之所以智商测试的结果能够如此完美地契合高斯曲线，不过是因为它经过了调整：智商测试中包含了几个非常困难的问题，很少有人能够回答正确；还包含了几个非常简单的问题，只有智力明显有缺陷的人才答不上来；而其他的问题则适用于评估那些处于平均水平的人。这些问题被反复调整，直到测试结果符合这条著名的高斯曲线。大多数人应该能答对 3/4 的问题，少数人只能答对 1/4 的问题，还有一小部分人几乎可以答对所有问题。当一个智商测试故意把 95% 左右的人放在智商为 70 到 130 之间的范围内时，真正用于测试智商的部分又有多少呢？

　　另外，我们该如何定义聪明呢？是指人在某个特定领域有天分吗？比如学习、音乐、经商？我们又该如何将"心"的智商和情商结合起来评价呢？我们该如何看待一个优秀但冷漠自私的知识分子？又该如何看待一个俭朴但敏锐而聪慧的全职母亲呢？

　　近年来，人们想要抛开智商的概念更好地了解"智力"，这种需求引出了新的定义。1980 年，罗伯特·斯滕伯格提出要区分智力的 3 个方面：分析性智力、创造性智力和实践性智力。对他来说，通往成功的智力来自对这 3 个方面的优势和劣势的认识和管理。1983 年，霍华德·加德纳将智力分为 8 个方面：语言、数理逻辑、音乐、身体、视觉空间、人际沟通、自我认识和自然观察。这些方面还可以继续细分，因为智力是一个微妙且不稳定的概念。

　　左脑需要分类和量化周围的事物，即使是那些不可用数据测量的东西。这种测量和评价的方法与右脑正好相反，右脑拒绝评判和贴标签，更喜欢发散性地思考。许多著名的、杰出的、有创造力的人在学业上一塌糊涂，在智商测试中多半也得分不高，因为这些测试多是由左脑主导的人设计的，适合左脑的思考方式，而不适合右脑。因此，参加智商测试对于由右脑主导的人而言，不仅毫无用处，还很危险。如果不能通过这些测试来证明自己的多向思考是正常的，那么他们就会强化这样的想法——认为自己愚蠢、混乱。这种挫败感会进一步损害他们的自尊心，对阿斯伯格综合征患者来说尤其如此。智商测试特别不适用于他们，测试结果可能会让他们感到非常受挫，因为他们可能通过其他方式感觉到自己是很聪明的。即使通过智商测试证明了自己具有超凡才智，多向思考者也不会感到开心。是的，他们的痛苦被贴上了一个数字。这进一步证实他们超出了正常范围，而且被刻上了烙印。他们只会感到更加孤独和不被理解。

　　尽管人们普遍认为智商是确定的，但同一个人的测试结果常常是不稳定的，这意味着智商不能被"定格"。这样的观点相当令人欣慰。树状思维在不断地加强内心想法之间的关联，也在不断地创建新的连接。是的，无论智商测试的结果如何，你都极为聪明，甚至比聪明还要聪明。因为我赞同丹尼尔·塔米特的观点："重要的不是你头脑的大小，而是你灵魂的伟大。"

　　没错，你与众不同。你的大脑由右脑主导。你的思维是整体性的、感性的、敏捷的。有些人的思维则是连续的、理性的、受限的。两种不同的思维代表两个不同的世界，你们以为彼此相似，却因不同的思考方式而互相不认可。没错，你来自另一个星球，我现在就邀请你去探索一下你的世界。

第二部分

·

独一无二的你
更值得被珍惜

第一章

良好的自尊水平让你更懂拒绝

多向思考者从童年起就感到自己格格不入、常被人误解，而又无法对这种不适做出解释，他们受到的困扰源自身份认同方面的缺失。如果周围的人对多向思考者也一无所知，那他们如何能对自己是谁、价值何在等形成一个准确而积极的看法呢？不仅如此，多向思考者还会经常受到他人的限制和约束。

在秋千公园里，8岁的莱娅交了一个朋友。她们一起跑来跑去，直到上气不接下气。然后，莱娅气喘吁吁地停了下来，摸着手腕检查了一下脉搏，说："哇，我的心脏跳得好快！"她的新朋友笑了起来："啊，心脏可不在手臂上！它在这里！"新朋友指着自己的肚脐说。莱娅感到自己被当成了一个傻子，为此深感羞辱，却无法解释自己所知道的事情。这种糟糕的经历对于所有多向思考者来说几乎是家常便饭，而且无论身处什么年龄阶段都会发生。如果总是觉得自己与周围环境格格不入，怎么能培养自信呢？

想象一下，如果用光来举例，你的表达可能包含整个光谱，而有些人的表达只能包含单色光。因此，在交流过程中，他们只能捕捉到你表达出来的部分信息，对且只能对这部分信息做出反应，忽略了其他微妙的细节。你认为的最精彩的部分在别人那里根本不存在。多向思考者不断经历着这种情况。这在一定程度上解释了他们在身份认同方面缺失的原因：人际关系的镜子无法从整体上反映出他们的形象，反映出的他们的形象通常是支离破碎和扭曲的，因为周围人反馈的常常是他们的奇怪和"不正常"之处。

简而言之，就是你的思维方式像一个漏斗，而大多数人的思维方式像一条管道。我们没法把漏斗装到管道里去，这就是为什么大多数人无法理解你的思维方式。对此，多向思考者会合乎逻辑、针锋相对地回答说："这要看管道的直径有多大！"所以我说每天跟多向思考者一起工作也不是一件容易的事情！

由右脑主导也是导致身份认同方面缺失的原因之一：由右脑主导的人缺少自我的概念和个人主义的想法。不妨试试看，你能否坚定又自信地完成以下陈述。

我的名字是······

我的工作是······

我的地址是······

我的电话号码是······

我的喜好和厌恶是······

我评价别人的标准是······

多向思考者拒绝过度关注自我。他们非常相信过度关注自我会让人变得自私和极具个人主义。然而，事实并非如此：只有在得不到满足时，人才会变得富有侵略性。一个得到了滋养的人，会对人平心静气，乐于为他人提供帮助。不过，想要获得滋养，就必须要拥有良好的自尊水平，而真实的情况却不尽如人意。

自尊

自尊是对自身价值的一种非常主观的衡量方式。高自尊水平让人感觉良好，更容易在社会中找到自己的位置，并采取行动去实现自己的目标。它能让人展现自己最好的一面。自尊对个人的身心健康也有着重要的影响。如果自尊水平足够高，人就像拥有一个心理免疫系统，能够抵抗压力并快速从所受的创伤中恢复过来。

自尊水平过低时，人容易出现心理问题，如抑郁、焦虑等，也容易出现酗酒和其他成瘾行为。

低自尊水平会导致一种痛苦的恶性循环。人会因自己感到困扰，不是顾影自怜，而是发现自己本身才是真正的问题所在。自我怀疑永不停歇。人会对失败和被拒绝的恐惧不断加剧，过低的自尊水平使人无法承受任何进一步的伤害。这种恐惧还会使人过度自我控制。紧张持续存在，社交让人不堪重负。一种孤独、格格不入且低人一等的感觉会油然而生，并逐渐演变出冒名顶替综合征的特征。恐惧和疲劳会激化情绪，引发一些不恰当的行为。人变得好斗、恶毒、爱贬低他人或吹嘘自己。任何一点变化都会让其陷入困境——自我孤立、堕落、不敢寻求帮助或是无法振作起来。当然，这些都发生在人完全丧失了自我认知的客观性的情况下——成功只是命运的眷顾，而且转瞬即逝，而失败则是确定无疑的，它证明自己真的一无是处。人不再渴望被接受和证明自己，取而代之的是，越来越害怕失败和被拒绝。

自尊的建立主要依靠以下两点。

- 首先是父母的认可，包括父母的爱、赞赏、尊重；随着你慢慢长大，来自更广泛的社交圈的认可也会帮你提升自尊水平，比如同学、朋友、同事、邻居等的认可。

- 其次是成就：你做成了什么、哪些被自己和他人看作是成功的。

多向思考者的自尊从一开始就建立在不良的基础之上。尽管父母真心疼爱孩子，但是逐渐会因孩子的行为而感到困扰。家庭成员的反馈变得越来越负面：要么认为孩子过于敏感、情绪化，所以必须被过度照顾和保护；要么觉得孩子太脆弱、太感性、太黏人，总是离不开母亲。孩子如果提出太多问题，就会被指责为无礼、挑衅、咄咄逼人。从幼儿园起，多向思考者除了要面对家庭成员的指责，还要承受社会上其他人异样的眼光。他们安静不下来，无法集中注意力，不明白各种指令。同学们排斥他们、嘲笑他们和他们那些奇怪的想法，在这么糟糕的环境中，他们如何建立自尊呢？如果还被进一步指责自尊水平过低，那他们就真是无处容身了！

要让成就得到认可，同样也不简单。当下，人们更喜欢指出错误，而不是认可进步；更喜欢批评，而不是给予鼓励。这跟多向思考者所需要的可以安抚自己的环境截然不同。社交给他们带来了烦恼，不理解规矩被当成了恶意。当他们全力以赴地完成某项作业时，很可能会偏离主题或不符合老师的期望。因此，他们很少得到来自外部的认可。此外，他们的完美主义也在无法认可自己的成功方面发挥了作用。多向思考者有一种特殊的敏锐度，能在每一种事物、每一种情境和每一个人身上发现完美的可能性。他们的参照标准非常绝对化。由于多向思考者很难承认这个世界上没有什么东西是完美的这一点，所以他们的成功几乎从未得到过自己的认可。

7岁的彦决定画一匹马，并全心全意地投入其中。起初，他非常专注和投入，动力满满，但是慢慢地，他开始变得紧张、焦虑、心烦意乱。突然之间，他爆发出愤怒和悲伤的情绪。他没能画好马的腿，对他来说，这是一场灾难。他撕破了纸，足足号啕大哭了两个小时。别人怎么做都无法安慰他，告诉他他画的马很漂亮也没有用，他就是认为这匹马不美。他没能画出他脑海中的马的腿的样子。他认为这匹失败的马是他后面一长串个人失败的开始。外在的认可完全无法抵消这种因自己无法实现大脑中的构想而产生的沮丧。我几乎可以肯定，无论大家如何赞扬，米开朗琪罗还是会认为他雕刻的大卫不完美。

害怕被拒绝

人是一种社会性动物，不能脱离社会独自生活。因此，融入社会成为生存的优先选项。这在史前时代就已经是事实了：孤身一人更容易成为众多捕食者的猎物；直到今天仍是如此：人无法离群索居。我们可以设想这样一个画面—— 一个隐士远离社会，在山洞中独自思考生命的意义，然而这样的设想往往难以成真。一方面，这样的隐士寥寥无几；另一方面，要在山洞里专注地沉思，需要有一个好心人来给他送水和食物。如果他要自己养活自己，就得花大把时间打猎、捕鱼或采摘食物，很少有时间去沉思。对被拒绝产生恐惧是人的本能，这种恐惧不用思考就会产生，因为被社会排斥将使我们处于致命的危险之中。

多向思考者从童年起就遭受拒绝。通常情况下，被拒绝的个体会立即调整自己的行为，并尽快重新获得同伴的认可。但多向思考者不是这样的，他们很清楚自己不一样，但又不理解自己错在哪里。因为从根本上讲，他们是因自身结构如此而遭到拒绝的。他们会产生一种对于被拒绝和被抛弃的深深恐惧。后来，他们在关系中，特别是在与朋友和伴侣的关系中，会继续受到这种恐惧的影响，他们会陷入复杂、痛苦的境地，并赋予他们的朋友或伴侣过多的权力。

应对的策略

多向思考者试图理解这个在他们看来荒谬的社会、这些不合逻辑的人，以及其他种种难以理解的情况，这使他们不断努力、疲惫不堪。渐渐地，他们会发展出一系列应对的策略，试图或多或少地改变一点儿自己的差异，尽量融入大众。托尼·阿特伍德在他对阿斯伯格综合征的研究中对这些调整策略做了详细的描述。我认为这些策略适用于各种类型的多向思考者，不再格格不入是所有多向思考者的共同梦想。

自我贬低和抑郁

就像鸭群中的天鹅一样，多向思考者经常被指责脖子太长、占用了太大的空间、翅膀挡住了阳光，还不会像鸭子一样嘎嘎叫。为了满足鸭子们的期望，他们学会了缩短脖子、收紧翅膀、躲在角落里，尤其是不能发出自己的声响。他们就这样变成了一只奇怪的"鸭子"，却还是不能融入周围环境。于是，他们想尽办法避免受到那些令人受伤的批评和嘲笑，甚至把这些批评和嘲笑内化至心中，希望这样能起到预防的作用。在童年时期，多向思考者在意识到自己真的有"问题"时，会在内心创造一个暴君，一个不给他们任何喘息机会的暴君。

　　你肯定知道这个内心的暴君。他从早到晚地跟着你，对你一天之中所有的经历指指点点。他规定你该如何看待自己、该如何感受，把非常主观的解释当作对现实的准确反映强加给你。这是一种持续的入侵，这个喋喋不休的人不给你一丝喘息的机会。他让你浪费时间，纠缠于过去，担心着未来，反复回想你和周围人说过的每一句话、你做过的每一件事。他把同一个故事反复改写上百次，试图以不同的版本向你证明你不是一个有能力、让人喜爱的人。

　　持续不断的自我贬低，让多向思考者越来越敏感，让他们因为不适应周围世界而越来越内疚和气馁。他们经常摇摆不定，有时因绝望地装作一只鸭子而感到极度疲惫和沮丧，有时又会因重新鼓起勇气而感到欢欣鼓舞。这种在两极之间波动的情绪状态，再次解释了为什么他们经常被贴上"双相情感障碍"的标签。然而，疲惫和沮丧还是占了上风，让他们形成了一种潜在的抑郁状态。这种身处一个自己无法理解又不受欢迎的世界，从而产生如此格格不入的感觉，太令人痛苦了。不过，多向思考者的抑郁并不是普通的抑郁，因为有意思的是，这种抑郁与对生活的热情和随时准备着"重生"的能量并不冲突。为了避免被孤立，同时保护自己免遭嘲笑和拒绝，多向思考者会自行与他人保持距离。尽管他们对他人怀有深切的爱，但还是可能会有意选择社交回避。这些独处的时刻，能让他们得到休息，重新找回能量，但也可能会让他们感到非常苦恼。

梦中的逃亡

有句话是这样说的，"活出你的梦想，而不是梦想你的生活"，但这并不一定是多向思考者的想法。他们的梦想在这个狭窄的现实世界中是不可能实现的。相反，当一切都不顺利时，梦想自己的生活是一种很有吸引力的选择。从小学开始，为了逃避课堂上的无聊和乏味，多向思考的孩子就会开始精神上的漫游。他们的想象力非常强大，以至于想象中的世界比现实世界更真实，显然也更令人愉快。因此，当现实世界令人失望或让人受伤时，他们就躲在自己想象的世界中避难。这个想象中的世界可以丰富多彩，充满了美妙的细节，符合多向思考者的价值观，让他们终于能够做自己，并在安全的环境中发展自己的潜力。在想象的世界中，他们能够被理解他们、爱他们真实面目的朋友们围绕着，这是多么幸福啊！但是，总是沉浸在想象中的多向思考者会养成"做梦"的习惯，在想象中的世界而不是现实世界中度过更多的时间。渐渐地，他们会发现与想象中的世界相比，现实世界越来越令他们不快，并因此更加不愿努力适应现实世界。他们如果试图跟其他人分享那个对他们来说无比真实的世界，会被视为撒谎成性或者精神分裂。

有时，多向思考者会沉迷于某种爱好、某种独特的兴趣，如马、恐龙、宇宙等。他们专注于自己的兴趣爱好，这能让他们忘记所有的痛苦。阅读、看电影和上网，也是非常受欢迎的逃避方式，而且还可以满足他们对知识的渴望。

傲慢

当同伴的嘲笑和诋毁威胁到多向思考者仅存的一点儿自尊时，多向思考者可能会决定披上冷漠的外衣，戴上蔑视的面具，使用虚张声势的方法来抵挡被羞辱的痛苦。羞耻和傲慢是一体两面。克里斯托夫·安德烈在他的《不完美，也能自由而幸福》一书中写道："我要么谎话连篇，要么自以为是。"除了拒绝让别人来理解和爱自己，多向思考者还可能会选择成为一个傲慢的人。这为他们自己营造了一种假象，使他们认为受人仰慕可以代替被爱。他们那灵敏的大脑会让他们迅速而刻薄地回击。但不要被迷惑了，在他们高人一等的表面背后，隐藏着怀疑和不安。傲慢为他们提供了保护，但代价是长久的不配得感，以及日益增长的对完美的需求。

来访者马丁向我证实了这一点。当他需要处理一件重要的事情时，他就会认真地穿着打扮。这样他就可以隐藏在自己优雅的仪表之后。这的确有效，他感觉自己的个人魅力达到了预期的效果，但他清楚地知道自己其实是在虚张声势。他的成功只给他带来了不配得感，丝毫没有增强他的自信。

模仿

大家都做过类似的事情，比如在一个时尚派对上，当我们不知道该如何表现时，就会模仿别人。多向思考者不理解"社交密码"，所以不得不试着模仿周围人的行为方式。如果能够捕捉到人与人之间的细微差别，这种做法就可能奏效。而恰好由右脑主导的他们能够捕捉到每个人的特点，模仿其语调或面部表情，因此多向思考者可以成为出色的模仿者。模仿的风险在于他们扮演了一个"开心果"的角色，这个角色将长期伴随他们，并可能成为一种沉重的负担。

弗雷德里克的朋友都喜欢称他为弗兰基。派对上，朋友们都很乐意见到弗兰基，这个家伙非常会调节气氛，每分钟都能讲 3 个笑话，让所有人都笑到流泪。随着时间的推移，弗雷德里克越来越不喜欢这些非要请他参加的派对。他总是要在派对上喝很多酒，第二天起来会感觉很难受，似乎自己是以一种奇怪的分裂状态来度过前一个夜晚的。弗雷德里克回想起派对上的弗兰基耍酷，觉得朋友们更像是在嘲笑他，而不是真正欣赏他的幽默。所有的欢乐似乎都是假的，这令他越来越苦恼。终于有一天，弗雷德里克决定脱下弗兰基的装扮，做回自己，这让他大大地松了一口气。

在高中时，威廉曾因惟妙惟肖地模仿老师而令同学们捧腹大笑。如今，他很安静，总是在思考。有一位同学走到他面前，摇了摇他问道："怎么回事？搞笑机器出故障了？"

假自体

为了填补身份认同方面的缺失、应对被拒绝的风险，多向思考者构筑了一道坚固的"假自体"城墙。假自体实际上就是"虚假的自我"，是一个让人能够适应社会生活的个体。每个人都有一个假自体，会根据当下的需求，或多或少地调整自我。以下将说明假自体是如何形成的。

一个婴儿在刚出生时，还意识不到自己是一个个体，他认为自己是母亲的一部分。逐渐地，他会摆脱融合的感觉，意识到自己是一个独立的个体，即拥有"自我意识"。然后，通过整合周围环境带给他的身份信息，他会发展出"自我形象"。如果接收到的信息是积极的，他就会获得高水平的自尊。否则，他的自尊水平就会比较低。从拥有自我意识到获得高水平的自尊，在几年的时间里，他形成了对自己身份的积极认同。也就是说，他既懂得感受自我的独一无二，又知道自己跟他人在某些方面是一样的，并能融入群体之中。对于多向思考者来说，情况恰恰相反。他们遭遇到的困境是，无法成为真正的自己，真实的自己也得不到接纳。他们在社会融入方面受到了阻碍，因为他们感到格格不入，找不到自己在群体中的位置。

孩子需要被倾听、被理解、被尊重。如果父母和家人能够向孩子表示尊重，并用语言来解释他们的感觉、情绪和感受，孩子就能与他们的真实自我保持接近。他们对自己形象的认识符合他们的实际情况，他们反应适当，能够确定所体验到的感觉和需求属于他们自己。在这种情况下，他们的假自体不过是用来应付社交生活的一层礼貌的外衣。他们保持着礼貌的社交态度、良好的行为方式，还拥有把自己在儿童时期得到的尊重和善意给予别人的能力。他们能保持自己的个性，最重要的是，他们有能力倾听和尊重自己。

但是，家庭和教育环境往往不能向孩子提供这么理想的条件。多向思考是一种鲜为人知、不被理解的现象，超出了许多成年人的认知范围。

为了更好地理解假自体，我在这里举一个例子：假设我请你来家里吃晚饭，饭后天色已晚，我也开始感到疲倦。

如果我的假自体只是一层礼貌的外衣，而我仍然能够意识到自己真正的需求，即我想要休息，那么我会允许自己对你说："今天晚上真是太开心了，很高兴你能来家里吃晚饭。但是因为我明天要早起上班，而且我很累了，所以想现在去睡觉，我很期待下次再见。"我认为你会理解我，而不会觉得受到了冒犯，我们将为这个夜晚画上一个愉快的句号。

如果我的假自体限制了我，那我就不敢说什么，但会打一个有暗示性的哈欠，让你接收到"我累了"的信息，并希望你会考虑离开。

如果我的假自体和一个多向思考者的假自体一样，那我就会认为自己的疲惫不太合适，并试图忽略它。你是我的客人，我有责任让你度过一个愉快的夜晚，如果你愿意就可以一直待到转天清晨。我的休息时间将取决于你离开的时间。

贵宾接待室

多向思考者的假自体就像一个向所有人开放的贵宾接待室，其作用是考虑到所有人的需求、愿望和意见，并向他们提供亲切又舒适的陪伴。你的真实的自我呢？它被关在一间狭小的牢房里，牢房处在一条痛苦长廊的尽头。三道铁门把这间牢房牢牢锁死，它们分别是对被拒绝和被抛弃的恐惧、因格格不入而感到的悲伤、对不能做自己的愤怒。

多向思考者不会忘记，小时候他们曾试图做自己，而得到的却是拒绝。当他们尝试开玩笑时，却造成了尴尬，这种情况即使到现在还是会发生。于是真实的自我被假自体给控制住了。在某个聚会上，一切都好好的，直到某一刻你突然产生了一种脱节感。是什么原因呢？要么是因假自体放松了警惕，差点儿管不住真实的自我，而进一步加强了控制；要么是因真实的自我在牢房里感到厌烦。你可能会突然感到在真实的自我、自己所向往的东西与在场的其他人的兴趣之间产生了一种脱节。

随着时间的推移，多向思考者的假自体会掌握越来越大的控制权，甚至还能接收到各种鼓励、赞赏和爱，可是关在牢房里的真实的自我感到越来越孤独、空虚、不幸。当一个人因为害怕被拒绝、怕遭到嫉妒和误解，而不再允许自己做自己时，无论取得多大的成就，他都会感到空虚，也无法找到自己的位置。他会感觉自己变成了一个陌生人。所以，多向思考者虽然非常害怕失去别人的爱，却也难以获得它。构筑假自体这道城墙所付出的代价，就是否认自己的感受、无来由地产生攻击性或冲动的行为，以及在人际交往中感到羞耻、内疚、焦虑和严重抑郁。

泳衣综合征

为了让你更全面地了解假自体，我要讲讲菲利普的不幸遭遇。在跟姐姐的通话中，他说他当晚要去他的朋友文森特和弗洛尔家吃晚饭。他姐姐叫了起来："太好了！既然你要去文森特家，能不能顺路去爸妈家拿一下我的泳衣？我把它忘在那儿了，就在抽屉里……"姐姐所说的顺路，意味着菲利普要多花一个小时开车！菲利普下班太晚，就直接去了文森特和弗洛尔家，但他并没有忘记姐姐的要求。于是，在凌晨一点离开朋友家时，他"顺路"去拿那件泳衣。直到这件泳衣被放进了车里，也就是任务完成时，菲利普的愤怒才喷涌而出。姐姐真是太烦人了！她肯定还有别的泳衣可穿，还有别的机会去取那件泳衣。为什么非要在自己不方便的时候提出这个无理的要求？在向我讲述这个故事的时候，菲利普才意识到他完全可以拒绝他的姐姐，但他当时根本就没有想到。我将这个故事告诉纳塔莉，她也是一个多向思考者。她感叹道："肯定啊！换作我也会去取那件泳衣的！别人交给我一项任务时，我甚至都不会考虑自己是不是想做。这一步被跳过了，所以我的回答肯定是'好的'。我肯定会忙着做下一步，那就是想办法将这个新任务安排进我的日程表中！"昆汀是一名工程师，我把菲利普的故事和纳塔莉的反应告诉了他，他苦笑着说："我也是这么做的！在工作中，我整天都在为别人取'泳衣'。我甚至会愚蠢到问我的同事还有没有更多的'泳衣'要取！"就这样，"泳衣综合征"的概念诞生了，"泳衣综合征"是多向思考者筋疲力尽的原因之一。现在，如果你感到崩溃的话，至少你知道了是因为什么——"泳衣"太沉重了！

从"泳衣综合征"到"斯德哥尔摩综合征"

斯德哥尔摩综合征是一种心理防卫机制。斯德哥尔摩一家银行发生了人质劫持事件，人质在被囚禁了 6 天之后，变成了劫持者的狂热支持者。在强大的压力之下，人质失去了批判精神，顺从了劫持者的逻辑。斯德哥尔摩综合征可以在许多虐待案件中被发现。对多向思考者而言，拒绝、批评、嘲笑都属于精神暴力，即使是微不足道的伤害所带来的压力也可能导致斯德哥尔摩综合征。其症状可以解释为什么许多多向思考者总是习惯猜测别人的想法、试图满足对方、别人还没说几句就完全赞同，并因此没办法反对任何人。害怕被拒绝和被抛弃使得多向思考者极易受到影响，因此也极易受到情感操纵的伤害。

克制假自体、重新找回真实的自我，会给多向思考者带来一种安全、宁静和充实的感觉。阅读本书的你就是在做这样的事情。渐渐地，你会跟那个美好而真实的自我和解，并把自由表达的权利还给他。我想提供一句简单而有力的话，这句话可以让你的真实的自我重新获得表达的空间。不要再说"好的，没问题"，而应该说"呃……我不太方便"。试试说这句话，你会发现它是有力量的。

"拜托，你能帮我拿一下泳衣吗？"好，现在轮到你来回答了。

尊重自己的情绪和需求，真实的自我才会重新变得健康。为了从抑郁的阴影中走出来，你需要释放被禁锢和被压抑的情绪，重新找回你的自主性。正是由于自我倾听，人们才得以汲取内在的力量并获得自尊。你有权感到悲伤、绝望或需要帮助，而不必担心让任何人感到不安。无论是受到威胁时感到害怕、不受尊重时感到愤怒，还是被误解时感到悲伤，都是正常的。逐渐地，你会知道自己不想要什么，然后知道自己想要什么。接下来，你要允许自己表达出来，而不要担心被拒绝。只有孩子才需要一种无条件的爱来帮助自己成长，成年人可以不需要这种爱，所以你不再需要取悦所有人。

当你的自我价值感根植于真实的情感而不是所拥有的某种品质时，你才能够摆脱抑郁。你不需要证明自己的价值，你正是因你的不完美而美好。满足于做自己，这样你才能认同自己。

第二章

现实生活的土壤需要理想主义的花朵

渴求绝对性

除了构筑城墙般的假自体，多向思考者还拥有不可撼动的价值观。

多向思考者对正义、坦率、忠诚、诚实、友谊和爱的看法清晰明确，并把自己的高标准视为正常和不言而喻的。但日常生活经常令他们沮丧，因为他们希望自己的价值观能被所有人接受，所以当他们发现别人的恶意时，就会感到难以置信并进行反抗。放弃理想对他们来说是不可接受的，因为他们坚信自己是对的。有一天，就有一位来访者在我的咨询室里描述他的乌托邦理念，最后他说："但我并不想知道世界不是我想的那样！"

这种对绝对性的渴求将多向思考者推向两个极端：要么心怀善意，成为真正善良、能共情、有耐心和善解人意的人；要么变得顽固不化，喜欢说教，对别人违反其道德准则的行为感到气愤——这是一场不断与不守规矩、偷懒奸诈之人所做的斗争。随着年龄的增长，这些"真理的守护者"通常面临两种选择：站在智者的立场，或是站在易怒的抱怨者的立场。有些人则像乒乓球一样，不断地在这两种立场之间跳来跳去。

在很大程度上，正是因为这种绝对的价值观让这些多向思考者看上去就像来自另一个星球，他们很难在这个社会中找到自己的位置。通用的社会准则不是超出了他们的理解范围，就是会引起他们的反感：太多的不合理，太多的虚伪、懦弱，还有愚蠢的仪式！无比缺乏纯粹和真诚！

他们的完美理想就像在天花板上，而现实则在地上。他们被困在夹缝之中，不断挣扎着观察现实中的缺陷，然后去寻找属于他们的真相。当然，这些多向思考者也会疲惫不堪，但是他们从没想过要改变想法。

多向思考者常被称为"细节障碍人士"，这种称呼让他们觉得既荒谬又受伤。他们的价值观不可撼动，他们认为即使只是微小的变化，也会使原则的制定背离初衷。你认为我在夸大其词？那我就用"不可杀人"这条基本禁令举例子吧！有的人可能会说："不可杀人？那也要看是什么情况！"这就是基本禁令在不确定的变化中逐渐失去约束力的原因。幸运的是，多向思考者不会退缩，他们不同意这样的说法，并会坚持自己的道德操守。他们会按照自己的价值观来行事。

玛丽斯经常受到丈夫的辱骂和殴打。最近我在帮助她鼓起勇气离开她的丈夫，但这并不容易。在她的伦理观念中，言出必行和遵守承诺是理所应当的。她的婚姻也基于这两种价值观而存在。她向我讲述了一幕令人痛苦的场景，她的丈夫贬低她在家庭中的职能，夸大其词地说她甚至不知道怎么折餐巾，并以此为借口大喊大叫、辱骂她。尽管如此，她还是尽心尽力地照顾他，洗衣、做饭、做家务。我对这种奉献自我的牺牲精神感到惊讶。在我看来，让那个脾气暴躁的丈夫自己去折餐巾、自己煮鸡蛋，都是必须的！我问她是不是害怕反抗会加剧丈夫的暴力行为？"当然不是，"她说，"只是因为我太善良了。"我婉转地表示，善良到这种程度已经不再是真正的善良了。她喊道："请放心，我这么做不是为了他！我是为了自己才这样做。这是为了遵从我对家庭生活的看法。如果我和他一样心胸狭窄，我就不会再喜欢自己了。作为一个妻子，我会做我认为正确的事，我尊重的是我自己！"

多向思考者的价值观引导他们做人真诚且无私。我喜欢把一些难题抛给他们。

"你独自在乡下散步时，发现了一个钱包，里面装有一小叠钞票，但钱包里没有任何关于钱包主人的信息。你会怎么做？"

"我会试着找到它的主人。"

我强调道："没有任何关于钱包主人的信息。"这时，大多数人可能就会说："那钞票就是我的了！"然后把钞票装进兜里。

我想尽一切办法试图暗示多向思考者可以保留这些钞票，因为找回失主的可能性很低，而且金额也不大，可是怎么说都没用。

"我知道这可能很蠢，但我绝不能拿走这些钞票！"

"好吧，但既然我们谈到了这个问题，那么如果有人选择拿走这些钞票，你会感到震惊吗？"

"呃，不太会吧！"

大多数多向思考者都非常无私，对金钱不太感兴趣。这对"一般人"来说简直不可思议，而对想要操控他人的人来说这再好不过。我必须经常提醒，多向思考者才会发现自己的财务状况很差，甚至可以说是受到了欺骗。即使他们不在乎金钱，也没有有钱到能让人随意欺骗。只有当他们决定不再纵容骗子时，才有可能让他们开始自我保护。

如何既不放弃自己的信念又不觉得痛苦呢？你需要做的就

是不要试图把自己对世界的看法强加给他人。这样，你既能够坚持自我，不放弃自己的正直、善良和追求完美的品质，又能与现实保持联系，并接受其他人做出的不同选择。

"我就是这么做的，"克里斯汀解释道，"我不评判别人，但如果我的收据或账单上有任何错误，即使这个错误对我有利，我也会指出来并纠正它。别人说我太天真，但我就是没法不这样做。"

理想主义的缺陷

如果我们仔细听这些坚持理想主义的人的话，会觉得他们的价值观是唯一有价值的。从某种意义上讲，这也没错，如果全人类都严格按照他们的价值观行事，那么世界可能会充满美好与爱。然而，目前的情况并非如此，所以我想对这样的价值观进行点评。

多向思考者的价值观只能约束他们自己，对于狭隘、不诚实的人则完全不适用，他们在面对危险的"掠食者"时甚至会使自身的安全受到威胁。对待小猫和对待狮子不能用同一种方法。总之，多向思考者的价值观缺少了一个重要的部分——如何检测和对待不诚实和有恶意的人。他们的价值观也没有明确定义善良的边界。不知道你是否听过这样一句话："太善良，就是太傻。"但问题是，善良的边界在哪里？归根结底，多向思考者的价值观和他们的假自体如出一辙，都像贵宾接待室一样，能够包容他人。

多向思考者的价值观的另一个不足是，它有可能凌驾于现行的规则之上。如果某条规则不公正、不合逻辑或太过武断，那么多向思考者就无法遵守，无论这么做需要付出什么代价。反过来，他们还要接受因违反规则而导致的惩罚，要为自己的行为负责任。凭借独有的洞察力，多向思考者能够察觉到别人根本察觉不到的荒谬、危险、缺乏友爱或不公。这时，他们的反抗会被视为异想天开或者过于任性。这当然会导致挫败！

从原则上讲，多向思考通常伴随着绝对的诚实和对规则的严格遵守，除非多向思考者认为该规则很愚蠢。有趣的是，这些质疑规则的人却难以放弃自己的理想主义。他们个人的道德伦理总是占上风，他们可能需要为自己的"离经叛道"付出代价。他们会潇洒地接受惩罚，却不会反省自己。正是多亏有他们这样的人，独裁者才会遭遇抵抗。他们有着与信念相匹配的勇气，但在某些情况下，他们的做法过于偏激，给人们留下了想要将自己的想法强加于人的印象。

弗朗索瓦还记得，在学校的操场上，他总是试图保护被欺负的人，并亲自教训那些欺负别人的人。受到惩罚不可避免，但这并没有动摇他的信念，他认为这是他的职责，但他没有意识到自己是在参与一场高难度的"游戏"。他渐渐发现，成为加害者的加害者、拯救一个也许并不像他认为的那么无辜的受害者这件事本身就是复杂的。

多向思考者与权威的关系往往很难处理。在多向思考者的价值观中，不存在嫉妒和"权力游戏"，人和人之间就应该平等相处，不论对方的等级和地位如何。能够打动他们的，只有正直、勇气或真正经得起考验的能力，对此他们会由衷地称赞和佩服。他们平等待人，对待接线员和首席执行官的态度是一样的。他们的谦虚和沉稳不被那些习惯了阿谀奉承的人理解。他们与权威之间存在着各种问题，这些问题初现于他们与父母和学校的关系中，他们成年之后这些问题在工作场合中依然存在。对他们来说，仅仅拥有一个领导者的身份是不够的，还必须有能力、指挥得当，如果可能的话，还需要有礼有节。而遵守等级制度对于多向思考者来说毫无意义。

菲利普确认了这一点："我在食堂里遇到了人事主管，于是跟他谈起了想休假去学习的想法。我的直属上司听说后非常生气，认为我这么做是为了逼他同意，但其实根本不是！只是因为正好碰到了人事主管，而这件事我迟早都要跟人事主管说。"对菲利普来说，让直属上司跟人事主管沟通他的事毫无意义。他认为这很幼稚，而且浪费时间。

多向思考者坚持的这种所有人都应平等相处的信念，往往会让那些依靠等级制度来寻找自己位置的人感到非常困惑和不安。如果多向思考者能耐心给予这些人所需的尊重，让他们得到安抚，那么许多冲突是可以避免的。在职场中，如果员工的要求超过了领导能满足的水平，就会产生问题，而多向思考者几乎总是遇到这样的问题。他们的聪明才智、良好的判断力、快速执行的能力和完美主义往往会给他们带来许多麻烦。

此外，多向思考者凭借天生的洞察力和善意，一眼就能看出他人的潜能。

"真是这样的！"维洛妮可告诉我。"很多第一次见面的人，哪怕只是在电视上见到，我就想帮他改头换面，给他上礼仪课和演讲课，让他和自己内在的一切美好连接起来。他可以比现在更好！"多向思考者希望他们的行为能让他们想改变的人也意识到自己的潜力，但这种过于积极的态度往往会让对方感到非常不舒服。对方无法在这种过于热情的对待中认识自己，反而以为多向思考者是一个别有用心的奉承者。还有一种可能是，在多向思考者敏锐的目光"扫描"之下，对方感到无处遁形，不得不面对自己的现实状况与潜在能力之间的差距，这同样令人不安，甚至带有一些强迫的意味。只有想要操控他人的人才会对多向思考者的单纯感到高兴，并使劲儿地剥削他们。

第三章

和而不同，人际关系的真谛

我们前面讨论的所有多向思考者的特征，无论是心理方面的还是道德伦理方面的，都可能会给他们人际关系的建立造成困难。大多数多向思考者都会在人际关系上遇到问题。部分多向思考者的近亲、好友善解人意，能够缓解他们在人际关系上的挫败感，但是多向思考者与其他大多数人相处仍然很困难。主要的障碍在于，多向思考者不理解"一般人"之间那些没有言明的社交法则，在与他人的互动中，经常会产生一种尴尬的感觉。一定发生了什么事，但到底是什么呢？一个接一个的失误让多向思考者失去了自主性，并发展出一种高度警惕性，以避免进一步的尴尬，但这无济于事，因为这些没有言明的社交法则对他们来说根本无法理解。

多向思考者的困扰还来源于对周围人的期望过高。他们认为，如果相爱，如果是朋友，如果是邻居，就应该……多向思考者可以列出一张很长的清单来说明这些人应该如何做，而这种说明非常个人化。因此，多向思考者迟早会对伴侣、朋友、邻居的行为感到失望。这张行为规范清单上的内容是不切实际的，因为它过于绝对化，不容许有例外。必须知道的是，只有在无一人理解他们的情况下，多向思考者才会调整他们对人际关系的期望。多向思考者之间也可能会因为对行为规范的要求不同而互相伤害。他们的价值观与大多数人的价值观之间的差异也会导致相互不理解。双方都会想，对方为什么会对这件事这么认真？

多向思考者经常遭遇抛弃或骚扰。在严重的情况下——不幸的是，这样的情况还挺常见的——他们会落入操纵者的股掌之中，操纵者会巧妙地利用他们的弱点来操纵他们。

多向思考与心理操纵

在我出版的上一本书中，我深入探讨了精神暴力、心理操纵等话题。当时我关注的主要是操纵者及其行为，同时我也开始对受害者的特点感兴趣。在书中，我专门用了一章的篇幅来讨论被操纵的受害者，列出了一些他们的人格特征，这些特征也是使被操纵的风险增加的因素。但令我惊讶的是，这些人格特征本质上是一个人性格中比较积极的方面，例如特别强的活力、开朗、友爱、善良、爱自我反思、有解决冲突的真诚意愿等。

在这本书出版了之后，我从研究操纵者的专注中脱离出来，更多地关注受害者。现在我能够确信，有自恋人格障碍的操纵者的首选"猎物"就是多向思考者。一些关注多向思考的儿童的作者证实了这一点："这些儿童是温和的，他们或许有点儿孤僻和爱幻想，但因为天性善良，所以很受其他儿童的欢迎；然而，这些特点也吸引了那些心存恶意的儿童。"从我在咨询中了解到的情况来看，我认为人们低估了校园霸凌事件的数量和严重程度。托尼·阿特伍德曾在他的著作《阿斯伯格综合征》中用一整章的篇幅讲述了患有阿斯伯格综合征的儿童在学校遭受的令人不安的被霸凌的情况。

易受掌控

多向思考者很容易被利用。他们在身份认同方面的缺失给操纵者提供了便利。他们渴望获得亲密、深入、和谐的关系，同时又极为真诚，看不出操纵者的故意引导和精心设计的奉承行为。事情总是发展得太快，操纵者的伪装总是能瞒天过海。被所有人误解、企图寻找心灵港湾的多向思考者，还以为终于找到了一个能接受他们真实面目的人，于是再也不愿放手。但渐渐地，两人的关系开始恶化，但多向思考者只希望能够理解对方并反思自己。他们的树状思维会让他们反复思考，对于和谐的过度需求让他们屈服于所有令气氛紧张的威胁事件。然后，他们的自责倾向为所有问题的归因找到了方向。就这样，操纵者的所有投射都被用来填补多向思考者身份认同方面的缺失。终有一天，多向思考者会确信是自己在操纵对方，自己才是关系中唯一的问题。因为从小到大他一直这样思考，所以他更容易相信这一点。

令人惊讶的不同

我相信，有自恋人格障碍的操纵者的内心深处对多向思考者充满了仇恨，因为这两类人正好相反。有自恋人格障碍的人充满仇恨、多疑、暴躁、懦弱、空虚，怎么可能欣赏那些天性善良、充满爱心、愿意相信他人、勇敢、充满活力的人呢？操纵者是生命力的掠夺者，想要破坏一切爱与喜悦。

我发现，有自恋人格障碍的操纵者和多向思考者之间存在着一种可怕的冲突性，他们就像一体两面：白天与黑夜、天使与恶魔。随之而来的是一场不平等的无情斗争，操纵者精于算计，多向思考者却简单纯粹。

在本书的开头，我谈到了多向思考者高度敏锐的感官。在我出版的上一本书中，我解释了操纵者如何用噪声、气味等来干扰多向思考者的感官，以至于让他们陷入疯狂。的确，与不那么敏感、能够忽略噪声和气味等干扰的"一般人"相比，多向思考者更容易受到刺激的影响，落入操纵者的陷阱中。

在本书的开头，我还谈到过多向思考者的睡眠很浅。然而，操纵者首先要剥夺的就是多向思考者的睡眠。他们知道如何在睡前挑起争端，以此激活多向思考者的树状思维，让他们睡不着觉。操纵者在床上唉声叹气、烦躁地翻身、打呼噜、随便找个理由就把灯打开……（没错，他们就是故意的！）由于多向思考者的杏仁核过于敏感，他们会被惊醒，并且很难再入睡，而睡眠不足会直接影响血清素水平。操纵者与多向思考者不同的表现还有很多：操纵者阴险、爱撒谎、满含恶意，多向思考者坦率、真诚、极为友善；操纵者自负、专断、爱指责别人，多向思考者总是自我反思，倾向于质疑自己。类似的不同还有很多。我在咨询室里接待的很多长期在生活和职场中遭受精神暴力的受害者都是多向思考者，他们遭遇到的是一种自己难以想象的恶意，因为他们认为恶意的行为完全是损人不利己。

不停运行的假自体

从根本上说，在受到操纵时，让多向思考者受到束缚的是他们的假自体。我们已经知道，这个假自体的功能就是回应所有的期望，它能自动运行。假自体的运行机制为有自恋人格障碍的操纵者提供了力量感。他们乐此不疲地测试这种机制，并把多向思考者搞得晕头转向。

每当他们有要求时，哪怕没有明确提出，多向思考者也会竭尽全力来满足他们。在很长一段时间里，多向思考者为了回应他们所有的要求而耗尽自己的精力，甚至都没能意识到这些要求是相互矛盾的。大多数人会有边界感，但是操纵者没有，他们只会尊重那些强烈表达出来的不满，但多向思考者口中说不出"停下来"。要让一个操纵者停下来，多向思考者就必须关闭假自体，并以坚定和果断的姿态去面对操纵者。这意味着多向思考者要放弃礼貌、谦恭的言辞，之后找出一个令双方满意的解决方案。多向思考者要敢于坚决对抗，并知道如何向操纵者施加压力，让他退缩。拒绝商量、态度坚决、在许多情况下变得粗暴，这与多向思考者追求和平、和谐的价值观相悖。简而言之，要摆脱控制，就必须以操纵者的语言方式来跟他对话，这与多向思考者的风格截然相反。多向思考者在摆脱控制后，通常也很难接受自己为拒绝对方而做出的无礼行为。

不再轻易成为操纵者的"猎物"

为了不再轻易成为操纵者的"猎物"，多向思考者首先必须认识到恶意的存在。这可不是一桩小事！对于多向思考者来说，每个人的本质都是善良的，人们不可能平白无故地做坏事。在他们的世界里，仇恨、嫉妒和怨恨都不存在。所以，如果有坏人，那一定是因为他真的很不幸。然而，这种因果关系是错误的。多向思考者非常不愿意做坏人，即使再不幸也不愿意变得恶毒。而操纵者则非常卑鄙，甚至可以说是残忍。最重要的是，他们以此为乐，一点儿都不会感到难过。恶意和由此产生的全能幻想反而给他们带来了一种强烈的、令人兴奋的愉悦感。他们在撒谎和伤害别人时，会认为自己非常强大和聪明，这使他们欣喜若狂。让多向思考者理解操纵者的谎言和冷酷无情非常困难，多向思考者很难接受"一切均可算计"这样的想法，也很难相信就连绝望和爱意都可以表演出来。有时候我提醒多向思考者心怀恶意的人可能存在时，他们觉得我才是那个坏人！

世界的残酷让你不得不把自己封闭起来，这太可怕了！然而，你的内心深处很清楚，迟早你都要为你的善良设立边界。这个世界上并不是只有心地善良的人。正如我跟你说过的，对待小猫和对待狮子不能用同一种方法。到现在为止，你维系人际关系的方法就像开出了一张张支票，你的善良可以被每一个人提取。现在是时候改变这种模式了，善良要给予值得的人。

为了给你的善良设定边界，你可以问自己以下问题。

第一个问题是："我可以善良到什么程度？善良到什么程度就变成了愚蠢？"

第二个问题是："我可以善良到什么程度？善良到什么程度就变成了服从？"也就是说："从何时起我因假自体而服从于别人，而不是尊重自己？"

然后，问自己一个关于对冲突的恐惧的问题："我可以善良到什么程度？善良到什么程度就变成了懦弱？我对冲突的恐惧是不是让我变得懦弱？"

最后一个问题是："这个人配得到我的善良吗？"

别忘了还有那句简单的话，说出它会让你的真实自我得到力量："呃……我不太方便。"这也是自我肯定的开始。

最后，我不得不帮你打破一种幻想，那就是并非每个人都是可以改变的。给一个很坏的人第二次机会，可以说是非常危险的。即使你可以源源不断地付出爱和耐心，有自恋人格障碍的操纵者也不会改变。首先是因为他们的内心深处对自己很满意，认为除了自己，其他人都是傻瓜！其次是因为他们不会进行自我批评——他们认为自己是完美的，问题总是来自他人。他们承诺自己会改变只不过是为了哄骗你。多向思考者如果没有意识到这一点，就会被别人牵着鼻子走。承认自己无力帮助那些处境不好的人很难；同样，承认自己一直被别人捉弄也很难。然而，我向你保证：面对操纵者，唯一合理的解决办法就是逃离！

但是，操纵者之所以能成功，是因为多向思考者对于智力的激发有需求。多向思考者经常向我坦白说，折磨他们的人吸引他们的地方，是其身上的复杂性。他们那渴望难题的大脑终于碰上了挑战！这就是多向思考者陷入纠结的原因，他们甚至都没有意识到辨认出一个只会撒谎、欺骗和自相矛盾的人并不困难。事实上，避免被操纵的方法，就是正视你所拥有的强大智力。

非同寻常的智力水平

虽然你可能不太愿意听到这种说法，但是你的确拥有非同寻常的智力水平，你显然比很多人聪明得多。我是从客观的角度来说的：树状思维要比顺序思维更加高效。原因有很多，具体如下。

- 树状思维可以同时处理更多的数据。

- 树状思维的联想方式可以帮助人更好地记忆，让可选答案成倍增加。

- 树状思维能够建立横向联想，从而增加创造力。

- 树状思维能使人对单一信息进行发散性联想，能让思考更为快速。

- 树状思维能让人从宏观的角度把握事物，发现问题的本质。

- 科学证明，多向思考者右脑的神经冲动传导速度比左脑快。

因此，树状思维就像一只灵巧的猴子一样，从一棵树的树梢跳跃到另一棵树的树梢，全方位观察丛林；而顺序思维则像一只陆地动物，不得不沿着婉蜒的道路穿行在茂密的植被中，无法看到丛林的整体。

多向思考者对于自己智力超群这一说法是拒绝的，最多只能接受自己的智力不同于他人这个说法。一种吊诡的现象是：人越是聪明，就越容易怀疑自己。所以，多向思考者纠结于自己是否真的有超群的智力，甚至对自己智力超群这一说法深感震惊。这首先是因为这一说法违背了他们平等博爱的价值观；其次，承认自己比大多数人更聪明也违背了他们谦虚的原则；最后，认为自己只是有点儿敏感和不同，会令他们更加舒适。有些多向思考者告诉我，智力超群的说法会令他们受到排挤，被孤立的感觉让他们非常痛苦。

然而，接受这个事实，正视自己，可以让多向思考者不用再躲在假自体背后。不过，要打开这个从童年起就囚禁多向思考者真实自我的牢房，就必须走过痛苦的长廊，勇敢地打开那一道道铁门：对被拒绝和被抛弃的恐惧、因格格不入而感到的悲伤、对不能做自己的愤怒。这无疑是一个巨大的挑战，因为这颠覆了他们的认知，会让他们在一连串的荒谬凌乱和痛苦中改变自己的整个人生旅程。

痛苦的长廊太可怕，积攒的愤怒也太多。因此，为了避免隐藏在内心深处的愤怒显露出来，多向思考者会迅速启动排斥这种做法的机制。"你搞错了，实际上我很蠢！"他们急忙列出自己所有的小缺陷，期望以这样的方式来维持自己愚蠢的假象。

多向思考者容易心不在焉，在面对日常生活中的小问题时，偶尔会感觉束手无策；而在涉及大问题时，他们往往意识不到自己的杰出能力。他们每次获得成功都会感到惊讶，并会得出这件事很简单的结论。无论走到哪里，无论做什么，多向思考者几乎都能成功，他们做事又快又好。他们虽然知道这一点，但没意识到其他人不是这样的，即使他们经常发现周围人连一点儿小事都搞不定。

玛蒂娜是一名秘书。这家小型家族企业聘用她时，行政部门流程混乱，积压了大量的工作。在不到两年的时间里，她完成了积压的工作、整理了档案、重组了部门，并建立了一个高效的日常业务管理体系。效率如此之高，以至于她开始感到无聊，几乎没事可做了。她不理解的是，为什么同事们不像她一样有条不紊。这多简单啊！她更不理解的是，周围的嫉妒和排斥在逐渐增多。她到底做了什么使情况变成了这样？天真的玛蒂娜不愿承认自己的智力优势，而她的同事们却看到了。

这是天真吗？并不完全是这样。和所有多向思考者一样，玛蒂娜一直在努力掩盖自己的不同之处。然而，如果她认真倾听自己的内心，就会每天不断地想别人出了什么问题。继而她会发现周围人总是昏昏欲睡、顽固不化或是心胸狭窄。他们的迟钝和缺乏常识令她气愤，但她会克制自己。他们的谈话如此庸俗肤浅，常常令她感到震惊。他们的言论都是些陈词滥调，观点也缺乏善意。她会经常觉得他们小气、自私，而且——没错，勇敢地说出那个令人忌讳的词——愚蠢。可是她不会说出口，在要对他人做出这样的价值判断时她会退缩！这是痛苦长廊的入口，让我们赶紧回到贵宾接待室吧！

然而，如果拒绝承认你在智力上的优势，才是一种对常规思考者的真正伤害。想象一下，一个奥运冠军来挑战业余运动员，还否认身体条件上的差异。他压倒性的表现对业余运动员来说是一种嘲笑和打击，而这个"谦虚的伪君子"还会声称自己没有什么特别的！业余运动员有权心怀不满，并将他驱逐出自己的圈子。因此，如果你否认自己的智力优势，并试图与没有这种优势的人平等竞争，那你就和这个奥运冠军一样。如果你在几秒钟内就解决了常人纠结了几周的问题，你认为他会是什么感受？而你还说这很容易，没什么特别的？一种不考虑自身优越性的谦虚会被视为一种虚伪的谦虚，甚至是对他人的蔑视。从这个角度来看，经常引起敌意和嫉妒就不足为奇了，不是吗？在我看来，处于劣势的人所感知到的这种差距，如果被有优势的人否认，会成为很多排斥情形产生的根源。

不能把谦卑和虚伪的谦虚混淆。要得到别人的接受，就不能否认真实的自己，相反应该大方地接纳真实的自己。你要客观地指出事实，而不是"谦虚地自吹自擂"。因此，面对你的与众不同之处，最好的方法首先是彻底地接纳它，然后将它分解为多种小的、独立的能力，这样你才更容易被他人接受。几句简单而恰当的话将让真实的你得到理解和接纳。比如，"是的，我的确效率很高"，或者"没错，我对细节很敏感"。你可以温柔地展现你的乐观或善良。还要注意的一点是，为了避免在职场被视为爱在领导面前表现的人，你需要不断地提醒你的同事："我没法闲着，必须找点事儿来做！"

同时，理解那些常规思考者并给予他们应有的尊重也很重要。如果你否认他们，就会扰乱他们的步调，毫无必要地让他们紧张甚至出错，而否认自己的优势是对他们真正的伤害。我知道这样说会让你感到震惊！丹尼尔娜总是向别人指出他们缺乏常识并因此而恼火。我试着向她解释，并不是每个人的逻辑思考能力都很强。她很愤慨地说："可是，花5分钟想想再行动对每个人来说都很简单吧！"而事实上，这不是每个人都能做到的。丹尼尔娜不能理解这一点。简单来说，告诉一个傻子他是傻子没有任何意义，因为如果他真傻，也就无法意识到这一点。

听了我的话，马丁想到这么多年来他经常在超市的收银台或机场的行李托运处发脾气。在许多场合，他会批评他认为愚蠢和没有诚意的员工。终于理解了这种差异之后，他感到非常抱歉，并为之前的态度感到后悔。不同于丹尼尔娜和马丁，奈莉早就明白了这一点。她会心一笑，向我透露了她的技巧："我找到了窍门，就是要确保别人理解了我的要求，然后让他们按照自己的节奏和想法去做事。我需要有耐心，尤其是不能干涉他们，以免把他们搞糊涂了。事情最终会完成的，而且会完成得很好，即使不是按照我的方式来完成的。"奈莉说得没错。耐心和善意是在与他人的互动中需要拥有的重要品质。

此外，了解常规思考者与你的不同之处，能使你不再因他们的行为和想法而受伤，并理解他们对真实的你缺乏了解。现在是时候面对这些客观存在的差异了。

常规思考者是谁？

"那么这些常规思考者和我有什么不一样呢？"多向思考者常会向我提出这样的问题。关于你的右脑比左脑发达的事实，我们已经谈论了许多。如果多向思考者占人口总数的15%～30%，那也就是说，70%～85%的人拥有与多向思考者相反的结构，即以左脑为主导。他们是符合"常规"标准的人，这就是我称之为"常规思考者"的原因。跟你一样，这种由左脑主导的特点也赋予了他们相应的神经系统特征和心态。吉尔·波特·泰勒在《左脑中风，右脑开悟》一书中讲述了自己在脑中风时的惊异体验和发现。她为我们理解两个大脑半球之间的不同提供了宝贵的线索。虽然在她的案例中存在一个严重的医学性问题，但她所描述的中风后的生活的确跟阿斯伯格综合征患者的描述惊人地相似。她自己也意识到了自己在性格和价值观方面的变化。那么，由左脑主导的人是什么样的呢？

常规思考者的神经结构

跟多向思考者相比，常规思考者的感觉相对来说没那么敏锐，尤其是嗅觉，对细节的感知也不够精细，他们不能眼观六路、耳听八方，正因如此，他们对很多东西都无法感知，也很难记住一些事情。因此，他们在各方面预设的标准都没那么高，他们就更容易认可成功。他们的身体机制以自动模式运行：所有不必要或令人心烦的东西都会被轻松跳过，这使他们能将精力集中在某件事情上。常规思考者不会轻易被周围环境干扰。例如，他们能从嘈杂的环境声中将你的声音分辨出来，从而毫不费力地听你说话，不过前提是你说的话要适应他们的思维方式。他们很少会因音乐声音太大而受到干扰。相反，一个充满感官刺激的世界对他们来说更舒适，有助于他们感受到自己的存在。他们喜欢无处不在的音乐、闪烁的灯光、广告牌、装饰品和人工调制的气味。这是不是会让你感到吃惊？

相较于多向思考者，常规思考者粗枝大叶，不注意说话的语调，也不考虑遣词造句，这些方面对他们来说不太重要，而且他们也很难读懂肢体语言。如果你希望他们可以理解你的言外之意，那你恐怕要失望了，他们没有你那么敏锐。要想对他们产生影响，你得非常严肃地批评他们，或者使他们产生羞耻感。

吉尔·波特·泰勒回忆起她在脑中风之前比较少表现出个人情绪，但经常会感觉焦虑。她注意到在脑中风之后，她强烈地感受到对情感的需求。由左脑主导时，她对鼓励的话不太敏感，也不需要友善的关注，但当她不得不由右脑主导时，这些东西就变得至关重要了。她突然意识到人与人之间的能量交流是如此有意义。

有些人耗尽了她的精力，所以她不得不离他们远点儿，而另一些人则以善良为她注入了活力。她意识到，如果没有周围人持续不断的关爱、支持、热情和耐心，她永远都无法康复。这对你来说是毋庸置疑的，对吧？对她而言，她忽然读懂了人和人之间肢体语言传达出的意思，了解了对方的想法。因此，我们可以这样总结：沉浸在博爱的海洋中、感受到自己与大自然和其他人亲近，并不是常规思考者的专长。

他们的顺序思维就像结绳记事。他们沿着自己的思考路径一个结又一个结地循序渐进。以这种思维做事进展缓慢，对你来说这很可能非常恼人，特别是当你发现这条绳子很长，上面有很多绳结时。你肯定已经注意到，如果你试图跳过一些步骤直接来到绳子的末端，或者在讨论的间隙插入一些离题的话，他们会耐心地等你讲完，然后在你打断了他们的地方沿着绳结继续推进。不要强迫常规思考者不打绳结，不然你会惹恼他们或者引起他们的困惑！这种顺序思维非常适合学校的学习，它能让人把知识熟记于心，尤其是所记内容中没有什么需要理解的东西的时候。顺序思维遵循顺序模式，如大中小、一二三、ABC 等。玛侬如果有顺序思维，就可以轻松写出关于意大利文艺复兴的报告。这个报告会非常有条理，在内容上很接近教科书，会为她赢得赞扬。顺序思维让人沿着既定轨道前进，会给人一种稳定、连贯的感觉。在常规思考者的头脑中，想法、质疑和独创性会少一些，但他们的思维更有条理。

常规思考者的情感世界

常规思考者对情感的需求远没有你那么强烈。在你看来浮于表面的关系，对他们来说就已足够。他们喜欢谈论一些琐碎无趣的事情、交换一些老生常谈的想法、分享人们普遍认可的观点，仅仅是为了在一起愉快地相处。常规思考者喜欢结伴，甚至喜欢成群结队。他们喜欢娱乐和消遣，不渴望进行辩论和重塑世界。他们认为，如果现有的方式合适，就没必要考虑其他。相反，太过颠覆性的想法会令他们感到震惊和排斥。常规思考者也不喜欢以一种过于内省的方式来谈论自己，因为这样只会无谓地增加焦虑。只有在感觉糟糕的时候，他们才需要以一种适合个人的方式谈论自己。这时，他们会欣赏多向思考者出色的倾听和共情能力。一旦情况好转，他们又会与多向思考者拉开距离，重新找回谈论琐事带来的舒适和乐趣。多向思考者还以为，经过这些沮丧时刻的推心置腹终于交到了一个亲密的朋友，最终却大失所望。于是多向思考者痛苦地得出结论——人们在情况糟糕时利用他们，一旦情况好转就抛弃他们。这是一种错误的解读，因为对于常规思考者来说，深入的交谈只发生在消沉的时刻。

常规思考者总爱批评、论断，尤其是对一些不合惯例的事情。对他们来说，批评、论断不是一种排斥的行为，而是为了帮助改进。他们还喜欢对周围人的言行发表评论。而通常情况下，多向思考者则非常反感在他们看来是背地里说三道四的气氛。丹尼尔·塔米特在他的书《拥抱广阔的天空》中指出，闲聊在人类社会中的功能就好比梳理毛发对于猴子的功能——建立社交联系。所以，像谈论谁在做什么这些行为是有意义的。多向思考者忽略了这种意义，因为他们总能感受到自己与他人是相关联的，而不需要在群体中互相"梳理毛发"。

由左脑主导的思维方式

个人主义

常规思考者的思维方式常常会让多向思考者感到震惊！两者确实很不一样，尤其是在价值观上。常规思考者倾向于个人主义甚至是自我中心主义，而多向思考者则更倾向于集体主义和利他主义。吉尔·波特·泰勒曾暗自为自己由左脑主导的思维方式感到震惊。她坦言，在进行康复治疗期间，她对自己之前坚持的个人主义、产生的贪婪和小气的想法非常反感。她也不怀念那个总是评判和指责别人的自己！事实上，常规思考者并不是故意产生这种个人主义倾向的。在与他人交流的过程中，他们通常会关注自己和对方的不同之处，而由右脑主导的人则更倾向于寻找任何能让彼此靠近的东西。

能够与他人分化，对建立一个良好的自我来说至关重要。有时，多向思考者因为太缺乏自我而使自己在身份认同方面有缺失。他们总是想集体共同活动，难以忍受孤独，如果遭遇分手就更加痛苦。弗洛伦斯向我解释了这种情况："只要有人进入我的生活，我就不能让他离开。生活就像一出戏，每个人都必须说出自己的台词。如果缺了一个演员，那就必须重写整个剧本、修改故事情节和对话。"在谈到那段令她受伤的恋爱关系时，她又补充了一句："和这个男人分手，就像砍掉了我的一只手臂。"

弗洛伦斯的解释让我恍然大悟：某些多向思考者的想法是如此具有整体性，以至于他们生活在未分化的状态中。在他们看来，他人就是自己的一部分。多向思考者无法理解常规思考者的个人主义，"别人可不是我的一部分"这样的说法令多向思考者感到非常荒谬，这就好像是在说"噢，我才不在乎！虽然我的腿断了，但只要去看看医生就好了"。这也是操纵者很容易让多向思考者为其负责任的原因之一 ——只需要让你确信他就是你的腿。所以你必须学会说："这跟我有什么关系！"

你把世界看成一个巨大的公园，人就像公园里的树木、灌木和花，这个公园属于每一个人。你会想说："幸好这个公园里有各种各样的植物，要不然就太单调了！我们有必要把树木和花拿来比较，说哪个更好吗？我们离不开这个公园，只能彼此暂时拉开一点儿距离，但无论如何我们都相处在一起。"这解释了为什么多向思考者会有如此高的容忍度、能接受所有的差异，以及分离对他们来说如此困难。

在由左脑主导的人看来世界却是由一个个独立的花园组成的，花园之间有用来划分边界的栅栏。所以你应该可以理解为什么常规思考者需要对人进行分类、衡量和比较，这能帮助他们更好地识别栅栏，也使分离变得简单——只需要远离这个花园就行了。一个封闭的花园是一个独立的实体，面积可测量、可比较，也可以被占有。由左脑主导的人精于计算，有一种对所有权进行确定的本能，因为这能够界定自己的"领土"范围。

个人主义使常规思考者缺乏共情能力，而且显得小气。假设我去参加一个鸡尾酒会，酒会上准备的食物似乎不太充足。如果我是由右脑主导的人，就会想：要让每个人都能吃到东西，我们都应该适可而止，然后就会自觉地少拿一点儿食物。如果我是由左脑主导的人，则会想：其他人都拿了很多，那我也不能客气，如果我现在不拿，过一会儿就什么都没了。你认为哪种想法才是正确的？现在你知道了在场的 70% ~ 85% 的人是怎么想、怎么做的，你可能会愤怒地抗议："每个人都应该少拿一点儿才对！"但你没办法去教育所有人，具体点说，你没办法一晚上就彻底改变这些人！

这就是多向思考者的矛盾之处。他们渴望每个人的想法都能和他们保持一致的方向，因为他们不想放弃真实的自己，也不愿放弃自己认为正确的东西。在这场鸡尾酒会中，每个人都不应该肆无忌惮地大吃大喝！是的，也许常规思考者太个人主义了，而你却恰恰相反。你应该开始学习如何更好地照顾自己。

实际上，所有人的想法能保持一致的方向这种愿望，从一开始就有误导性。举例来说，你就像一个音乐家，想要和所有人一起演奏音乐。但你发现很多人对音乐都不感兴趣，有人告诉你："想组建一个乐队一起演奏音乐的话，你得去找一些音乐家！"你会不满地反驳："你这是精英主义！每个人都有权搞音乐！"是的，但其他人也有权不喜欢音乐，而更喜欢足球。你需要找的是一些和你志同道合、和你有相同价值观的多向思考者进行交流。虽然在常规思考者身上你可能找不到与你相同的坚持与信念，但别忘了，他们有权利这么做。

不那么绝对化的价值观

常规思考者基于个人主义而形成的价值观在你看来是不严谨的。事实上，它要灵活得多，确实不像你的价值观如此黑白分明。常规思考者喜欢平和的事物，他们对不公正的事情敏感度较低，这本身并没有什么错（这可以让他们避免伤心），他们也不像你那样能敏锐地感知到这一点。他们的价值观中暗含着一点宿命论的味道——常规思考者接受世界的不完美。有时，你甚至会觉得常规思考者的价值观与你恰好相反。维洛妮可就惊讶地说："我有一种感觉，就是在常规思考者的社交规则中，一旦有严重的事情发生，要务就是'千万别惹麻烦'。人们什么也不说、也不插手，尽量去化解干戈。如果有人揭露出不太愉快的真相，人们会把他视为制造麻烦的人。"因此，人们通常认为由右脑主导的多向思考者善于制造问题，而由左脑主导的常规思考者负责调和关系和稳定秩序。

常规思考者认为，在出现问题时指责他人或将失败归咎于外部因素很正常，他们不太热衷于自我批评，认为没有必要因一些小事质疑自己。这也合情合理，因为他们已经能很好地融入他们所处的社会了。

常规思考者常挂在嘴边的一个词是"眼见为实"。他们不容易感到内疚，但很容易感到羞耻。在因犯错、不文明或不诚实而被指责时，他们会极力为自己辩护，以保住自己的面子。在相同的情况下，多向思考者则会承认自己的过错并努力弥补。

更加自信

常规思考者的大脑本来就不是生产疑惑和问题的工厂，这使得他们可以舒舒服服地稳坐在"确定性"的椅子上。他们也没有那种敏锐的树状思维，不能从各个方向去寻找项目失败的原因。因此，他们可以自信地投身于行动，确定自己就是那个处于正确位置上的恰当的人，对自己的能力有信心，还能感受到自己的热情所在。在很多相似之人的支持下，常规思考者能够认同自己的身份、找到自己的位置、有融入感，并增强自信。一切都在向他们证明，他们是正确的，这就是为什么他们有时会毫无顾忌地评判他人。

生活在常规思考者的评判下

多向思考者的精神状态和情绪波动情况令常规思考者相当困惑。我们已经知道，共情不是常规思考者的强项，树状思维对他们来说也难以想象。所以他们就做他们最擅长的事情：评判。我提醒一下，对于他们来说，评判并不是一种负面的行为，而是为了帮助改进。因此，他们的评判是出于善意的，他们没有意识到这一行为给你带来的破坏性影响。在常规思考者的价值观中，构成多向思考者丰富个性的一切都是负面的：不成熟、情绪不稳定、太天真；想得太多，让自己的生活不必要地复杂化；什么都想做，却因为想做得太多而没法把事情做好。

对多向思考者来说，这种对他们的否定无疑是令他们痛苦和难以承受的事情，足以让他们发疯。

- 常规思考者否定多向思考者意识到的危险："你想得太多了，你的害怕毫无根据。"
- 常规思考者否定多向思考者的情绪："你太把事情放在心上了。"
- 常规思考者否定语言对多向思考的伤害："你太敏感了。"

正是这种不断的否定加重了多向思考者的疑虑。如果你周围的人都告诉你天空是红色的，而你看到的天空是蓝色的，那么你的信念还能坚持多久？

自信满满的常规思考者坚信自己的信念就是永恒的真理，比如"必须努力工作才能成功"，或经常用一些空洞的话语来掩盖问题、安慰自己，比如"生活还要继续""分手后还会遇到更好的人"等。他们对自己的智慧感到非常自豪，经常给多向思考者提出一些抽象又无法实施的建议："别再想了，翻篇吧，你一定会遇到更好的人，然后开始新生活！"

别再想了，这怎么可能？多向思考者的大脑就像一个不分昼夜全速运转的涡轮发动机，他们自己都不知道开关在哪里，又怎么可能不去想呢？

翻篇？常规思考者是怎么看待分手的？就像擦破了皮吗？对多向思考者来说，分手就像被截肢，怎么能轻易翻篇，继续像以前一样生活？

遇见更好的人？这么快吗？对常规思考者来说，相爱也太容易了吧？

开始新生活？简直荒谬！生活不需要重新开始，而是要整合混乱，然后继续进行下去。

因此，正如你所见，常规思考者与你截然不同，你所感受到的差异是客观存在的，寄希望于所有人都和你一样是不现实的。不过还是有少数人和你相似，他们隐藏在人群中，试图否认自己是多向思考者，现在就看你如何去发现他们了。

寻找你的同类

理解了前文的内容，现在你就可以很容易地识别出谁是常规思考者，谁是多向思考者。此外，你还需要学会识别谁是操纵者。尽管你想拒绝对人做区分，但是知道谁是哪类人非常重要。很抱歉我这么反复强调这件事，但我向你保证：有恶意的人是需要避开的，他们对你来说真的很危险。但是常规思考者可以为你带来很多积极的影响，只要你不再要求他们成为和你一样的人。我希望你能够客观地看待他们的意见和批评，并接受他们带来的积极影响：简单的温暖、没有压力的相处、情绪的稳定……

如果你想要发挥智力的优势，毋庸置疑，与其他多向思考者相处会更合适，因为他们能理解你的价值观、幽默感、思维的敏捷性、精神状态和对答案的执着追寻。能和那些话说到一半就能猜到、理解你的想法的人相处，是多么令人高兴的事啊！要选择那些同样渴望亲密的关系、想要进行深刻的交谈，而且和你一样需要分享信念的人相处。最终，你将不再被自己的价值观束缚。但是要小心，有些多向思考者可能"易燃易爆炸"，千万不要与之发生冲突！与高度敏感的人相处需要非常谨慎。

过度的爱

还有一点非常重要：在与周围人相处的过程中，给多向思考者带来困难的是"爱"。在常规思考者看来，多向思考者的爱是过度的。无论从数量还是质量上来看，他们都爱得太"过"了。爱的价值极大无疑是多向思考者坚守的价值观，也是他们与当前现实冲突最大的方面。这里所指的爱可以分为两个主要的方面：尊重和热情。

用"心"思考

从前文中我们就已经得知，多向思考者是用"心"来思考的。更确切地说，他们不能不用"心"来思考，因为他们不可避免地带着情感的眼镜来看待一切事物。由于他们有着树状思维，因此，他们的每一件物品都能让他们联想到某段经历，有着特殊的意义。"是啊，这件旧毛衣起球了、不能再穿了，但是我不能扔掉它。这是我在参加一个重要的音乐会时穿的，朱莉安第一次吻我的那天我也穿着它！"这可能会令人发笑，但这件毛衣的确已经成为一件神圣的物品。

从常规思考者的角度来看，这样的想法带着多愁善感的味道，也会被他们视作"神经质"的表现。为一些地点、物品赋予"灵魂"，甚至可能被视作相信泛灵论。泛灵论是一种思想理论，认为自然界是有灵性的，每一件事物都受灵魂的支配。对于多向思考者来说，任何事物都有重要的意义，都值得被尊重和被关注。

在东方，日常的很多行为都可以成为仪式。在文明未被西化之前，东方有很多神圣的仪式。这些来自远古的做法很难被西方人理解，他们觉得这些做法愚蠢又奇怪。例如，法语"salamalecs"的意思为"过度的礼貌"，暗含贬义，而实际上该词是指两人相遇互打招呼并建立和善对话的礼节，是彼此尊重和关注的表现。在日本，喝茶也是一种复杂的仪式。那些对西方隐形的社交规则不感兴趣的多向思考者，可能会非常喜欢这些东方的仪式。在对精致和尊重的追求下所隐含的逻辑，对他们来说更容易理解。把时间和注意力放在正在做的事情上，把自己的灵魂投入其中，会让人对生活的感觉强上 10 倍。有仪式感地品茶，滋味会不同。因此，这种生活在和平、和谐和尊重中的需要，并非情感上的不成熟，相反，它是一种伟大的智慧。

被误解的情感需求

对于常规思考者来说，多向思考者的情感需求似乎非常强烈又不合时宜。多向思考的儿童常被视为强力胶，总是黏着他们的母亲。人们认为他们在情感方面不成熟的观念正是来源于其童年时期。常规思考者将种种表现出现的原因认定为多向思考者在情感方面感到空虚，需要用爱来填补。由于总是收到这样的反馈，多向思考者也相信了这一点。他们被要求认为自己是情感依赖者、非常缺乏爱。所有这一切都与假自体、身份认同方面的缺失和不配得感有关。

然而，这是一种对多向思考者的情感需求的巨大误解，因为实际情况正好相反——多向思考者爱心满溢，想要给予他人更多的爱。

如果多向思考者真的像人们说的那样缺爱、需要被爱填补的话，那他们怎么可能与有自恋人格障碍的人在一起生活超过半天！恰恰相反，他们有太多的爱要付出，而有自恋人格障碍的人才是真的空虚。我认为在他们相处的开始阶段，有自恋人格障碍的人是在为多向思考者提供服务的，即消化他们多到溢出的爱。最近，一位多向思考者向我证实了这一点。她告诉我，她的伴侣是一个非常善于操纵也非常清醒的人，在刚刚进入恋爱关系的时候，他在电子邮件末尾设置的签名是"你的爱情海绵"。这位多向思考者把用爱来填补操纵者的空虚当作自己的职责和乐趣。她终于能尽可能地给出爱，这让她感到欣慰，觉得完成了自己的使命。然而，由于有自恋人格障碍的操纵者没有一个容器来盛放多向思考者给予的爱，多向思考者的爱就这样白白浪费了。有时候，多向思考者会在没有回报的情况下坚持付出长达二三十年之久。这多少可以让你意识到，多向思考者的内心爱的储备量有多大，在毫无回报的情况下重拾力量的能力有多么非比寻常！在这样的情感荒漠中，他们是从哪里找到力量继续保持乐观、友爱与活力的呢？

经常有多向思考者跟我谈到他们的记忆中有一个"桃花源"，那里自由流淌着无限纯洁的爱。他们知道在那个地方存在一种难以表达、强烈而美好的爱。然而，对记忆中的"桃花源"的怀念是徒劳的，因为这个地方就存在于他们的内心深处。记得吉尔·波特·泰勒说道，她曾沉浸在一片广博的爱的海洋中。正是在这里，多向思考者可以不断地用无条件的爱给自己充电。他们的爱宏大、强烈、包罗万象。他们的善良只是这种宏大之爱的冰山一角。现在我们该明白为什么他们的善良能够"自动运行"了吧！他们的善良就像永不枯竭的源泉，这对常规思考者来说是如此难以理解，以至于他们会认为多向思考者有控制欲：奉献爱与善良、不求回报、任意取用，这么做一定是为了束缚和掌控别人。

多向思考者的情感需求被误解，这能让我们从另一个角度去解读他们中的一些人的冷漠。这些人虽然很少或并不需要来自外部的关爱，但我相信他们的内心还是充满了爱，然而他们已经放弃了把爱给予那些不知道如何接受的人。这也解释了他们的抑郁底色从何而来。

不要再向外寻找爱了。你需要从你自身的能量中获得滋养，让你的善良发出光芒。你越了解和接受自己，就越能吸引那些拥有同样能量的人，你所寻找的爱也会如你所愿自由地流淌。

调音叉

我建议多向思考者可以以顺从的态度接受他们在世上的使命：做一个"调音叉"。因为多向思考者往往拥有黑白分明的价值观、明察秋毫的眼睛，无论做什么，他们都会情不自禁地给出"音准"。接近他们的人就像一个又一个乐器，有机会检查自己发出的声音准不准确，如果不准确就可以重新调整。如果一个人发出的声音准确，那证明这个人真诚、真实、健康，那么跟一个多向思考者交往对他来说就是一种真正的乐趣；如果这个人发出的声音不准确，那么和多向思考者相处对他来说就是一个宝贵的机会，能让他意识到自己的问题，从而发生改变。我们所有人都能回忆起那些对自己的生活产生过积极影响的相遇，有时这种相遇会令人不安，我们就会逃避给我们带来混乱的"调音叉"，试图尽快忘记自己的问题。还有些人讨厌音乐，乐于滥竽充数来扰乱乐队，还假装自己是正确的。这些人会憎恨"调音叉"，并想方设法阻止他们发出声音！

你的个性和价值观与周围环境不断发生冲突。当然，某种程度上你是知道这一点的，但你可能没意识到这种冲突的重要性和程度。前文中的内容可能会让你明白你为什么经常遇到一些荒谬和令人震惊的现实。渐渐地，你将能安心地活出自己的模样，并允许世界有它自己的样子，冲突也会越来越少。你只需要敞开心扉去了解这个世界的运行法则，你需要的是一张关于这个世界的说明书。

现在，你拥有了理解自己和他人所需的能力，也明白了为什么直到现在你的生活还处于混乱之中。多向思考者的世界无法被常规思考者理解，反之亦然。所以，不要再向常规思考者询问自己是个怎样的人了，他们没有能力回答这个问题，因为他们无法理解你的思考方式。现在，问题都讲完了，让我带你去看看解决方案吧！

第三部分

·

与多向思考共存

第一章

接受自己的与众不同

一直以来，你都知道自己不太一样：大脑转个不停，跟其他人相处时总感觉有些格格不入。阅读本书后，你对自己感受到的一切都会有所理解。尽管如此，大多数人在得知自己是多向思考者这一真相时，还是会受到强烈的情绪冲击。这一感受过程可以分为好几个阶段。

松了一口气

第一阶段毫无疑问是松了一口气。你没有疯！关于这种模糊、持久、难以完全意识到却又挥之不去的不适感，终于有了一些说法来解释。多向思考者每天都会自问很多次："我有什

141

么问题？我到底哪里有毛病？"当我向他们讲到生理构造及其影响时，他们会说这是头一次有人给出一个说得通的解释，而且是积极正面的！多向思考者习惯了别人用否定的方式来评价他们，说他们敏感易怒、情绪不稳定、不成熟等。听了我的解释后，他们觉得终于有人能够探察到他们非同寻常的原因，并帮他们勾勒出一个有价值的自我形象。这可真像丑小鸭的故事啊！但是，突然发现自己是一只天鹅也是一种冲击。而且别忘了，多向思考者总是爱怀疑一切！在每一次咨询过程中，他们都会问我有没有搞错、为什么这么确定。在我从头到尾地解释他们超级敏锐的感官、假自体、理想主义等内容时，他们一直在点头。当我对他们的神经机制做出描述时，他们觉得我所说的就是他们自己身体的运行方式。我还能再说什么？于是，我停了下来，而他们则乘机质疑："您是不是也不能肯定？"不过还是有一位来访者正确地理解了我，他说："我明白了！这就好比您的手里有一粒橡树籽，而我要您证明它是从一棵橡树上掉下来的！"就是这么回事儿。我心知肚明、确信无疑，任何理性的解释都不能说服那些心存疑虑的人。

情绪风暴

　　然而最初得到宽慰的感觉会转瞬即逝，多向思考者会顺着我说的新解释来重新理解自己的过往。所有的经历终于都有了出现的原因：疲惫不堪的母亲因他们不停提问而忍不住呵斥他们；在他们试图分享自己的发现时，同学们会发出嘲笑的声音；跟老师的关系有时融洽，但大多数情况下还是冲突不断；时常产生一种不适感。一旦过往得到了合理的解释，他们就会看向未来，意识到使自己障碍重重的特质将会伴随自己一生。维洛妮可曾情绪激动地喊道："您是在告诉我我得了绝症，治不好了！还说我永远都跟别人不一样！"我用了丑小鸭的故事来打比方，她却哭了起来："可是我就生活在鸭子中间，成为天鹅有什么用呢？"显然，丑小鸭的故事并没有给她带来安慰。还好，我已经习惯了多向思考者的"情绪风暴"。从此时起，多向思考者会不断调整自己，经历不同阶段的心理过程。

拒绝、怀疑

正如我在前文中所说，多向思考者喜欢怀疑一切。有些多向思考者会在下一次咨询时否定上次咨询得出的结果；有些多向思考者则在每一次咨询中都要求我进行解释和论证；也有些多向思考者完全拒绝接受我的说法，干脆停止复诊好几个月，用这段时间去消化他们听到的内容；还有些多向思考者拒绝在关于个人成长的心理咨询过程中谈及自己的特质，这让我的工作变得更加困难。但对于大多数多向思考者来说，他们会慢慢去面对这些彻底颠覆其观念的重大信息。

愤怒

拒绝、怀疑后就是愤怒。这种愤怒针对的是他们浪费在学习上的时间，或是童年所忍受的痛苦和无助，还有这个社会和某些专业人士。他们思考：之前的心理咨询师都干了些什么？为什么老师没能好好开发我的才智？令他们愤怒的还有——很少有人知道、理解并接纳他们的真实面目。他们还会为自己的与众不同、自己那不停歇的大脑反而成了障碍等感到愤怒。最重要的是，对于梦想融入社会的多向思考者来说，痛苦在于自己和其他人不同，而且还要把这种差异纳入自己思考的过程。

讨价还价

最终，多向思考者愿意尝试着理解常规思考者的世界是如何运行的。他们只不过是想适应规范！那究竟要如何做呢？放弃理想主义？接受世界的不完美？变成个人主义者？热衷于观看"愚蠢"的电视节目？只讨论天气的好坏？在觥筹交错的聚会上到处与人攀谈？这是多向思考者不可能做到的！那么去寻找自己的同类？只跟那些与自己思考方式相同、与自己价值观相同的人相处？这样的做法同样让多向思考者难以接受。单纯由多向思考者组成的交流小组似乎很难互助：要么就像是在解决智力难题，他们会开心一阵子，但很快就会变得毫无生气，为了思考而思考；要么就成了团体治疗，低自尊水平让他们无法在集体中找到自己的位置。只要其中一个人开口说话，其他人的心情就会变得复杂。"他说得太棒了！他才是一只真正的天鹅，而我不是！"此外，由于多向思考者会像海绵一样吸收其他人的情绪，因此他们会感受到小组中所有的不适，并将其叠加在自己的痛苦之上。

抑郁

一般来说，发现自己的特质会让多向思考者的心情更加沉重，他们的沮丧有时会持续很久。尽管自始至终他们都知道自己与众不同，但是，要心甘情愿地接受因与众不同而产生的一切结果，对他们来说还是很难。这个世界不会完全符合他们的期望。在日常生活中，他们必须不断地去适应这个与自己并不合拍的世界，同时渴望以一种不一样的方式生活在另一个不同的世界中，并拥有更好的生活，他们认为更适合他们的世界应该是存在的。"如果人们有点儿逻辑就好了。""是啊，可很多人就是没有逻辑，不能满足你的要求，你只能试着去适应。"

多向思考者经常长叹一声："如果这个世界是完美的就好了！"

接受

"多向思考"的确是一份"有毒"的礼物，但"有毒"的礼物也是礼物，接受它，就是迈向幸福的第一步。多向思考者也可以过得很快乐。如果你有一个充满活力、不停运转的大脑，那就为此庆祝一下吧！

控制自己的思维

我发现许多关于多向思考的书，语气都相当夸张，读后令人觉得非常沮丧。在不理解发生了什么之前，多向思考这份礼物的确就像一种负担。它有充分的理由令人感到痛苦：因被否认而感到彷徨、不清楚问题从何而来、纠缠于难以理解的错位感、学业一塌糊涂、工作远远体现不出真实的能力、被不配得感束缚、因周围人的嫉妒而困扰、混乱的感情生活……阿丽尔·阿达曾说："多向思考者经历的是一种难以言说的绝望。"这说得一点儿没错，但这种状态是可以改变的，因为你不该永远处在沮丧之中。凭借超级敏感的特质，你可以加倍感受到生命的乐趣。这种潜藏在内心深处的喜悦，静默而强大，呼之欲出，你感受到了吗？如果你需要智力上的挑战，那你可以试试运用你那强大的树状思维，学会幸福地生活。没错，你能做到！因为你现在已经知道了问题所在，可以着手解决了。不过，在解决问题的过程中还隐藏着两个陷阱，那就是不良的思维习惯和对沮丧情绪的"沉迷"。现在是时候控制你的思维了。

习惯的情绪

每个人都有自己的习惯，这些习惯点缀着我们的日常生活，是属于我们个人的仪式。这些习惯是在不经意间、不自觉地形成的。例如，淋浴时清洗身体的方式。有些人会将沐浴露挤在肚子上，绕着圈向外涂抹全身；有些人则会从一只肩膀开始，由上至下地擦洗。只有在受到突如其来的限制时，例如一只手臂被打上了石膏，人们才会意识到自己早已习惯了的某个动作。习惯同样涉及情绪，特别是会影响我们当下的情绪。我们越多地体验到某种情绪，在之后的生活中就越容易感受到它；越是沉浸在某种情绪当中，在之后的生活中就越容易条件反射式地回到这种情绪中去。因为存在这样的习惯性，所以情绪会不由自主地变化。如果你已经养成了早上情绪低落的习惯，那你很可能每天早上都情绪低落。即使有好事发生，快乐也转瞬即逝，你还是会感觉情绪低落。所以你需要养成每天多次检查自己情绪的习惯，提醒自己管理好情绪。

让潜能状态立即可用

"锚定"一词是神经语言程序学（Neuro-Linguistic Programming, NLP）包含的主要概念之一，它是指人们能将外部刺激与内在状态关联起来的现象。普鲁斯特与玛德琳蛋糕就是自发锚定的一个著名例子。通过吃玛德琳蛋糕，普鲁斯特能够回忆起童年时期的某个场景，而且细节历历在目。在这个例子中，起触发作用的是一种味道（刺激），它唤起了一种怀旧的情绪（内在状态）。当然，还有很多例子可以说明锚定这一概念。比如，我们可能会把一首歌开头的几个音符与非常愉快的感觉联系起来，或者将海滩与放松的感觉联系在一起。大多数的锚定都是在无意识的状态下发生的，但我们也可以有意识地去建立外部刺激与内在状态的联系。所以说，我们可以掌控情绪，不被情绪支配，而锚定就是一种可以用于掌控情绪的方法，此外，它还能管理潜能状态。

潜能状态是指我们在应对特定情境时最适宜表现出的状态（如勇气、放松或专注等），而限制状态则是指阻碍和伤害我们的状态（如紧张、恐惧、失去动力等）。

如果我们想要管理自己的潜能状态，那就意味着我们需要针对特定情境选择适当的潜能状态，激活它，并在所需时间内保持这种状态。同时，我们要学会不再进入那些限制状态。我们还可以提前习惯积极的潜能状态，这样就可以在需要的时候激活它。

为了能在特定情境中激活并保持潜能状态，我们要问自己的问题是："对于我面临的情境，最适合的潜能状态是什么？"

你可以回想你之前体验到潜能状态的情境，然后将潜能状态与感官联系起来。例如，如果按压皮肤或者喊一声"Yes！"会让你充满能量，激活自己的潜能状态，那就这样做。我个人喜欢把手握成拳头作为潜能状态激活的开关，这样做就好像把自己的潜能状态控制在手中。然后不断重复完全相同的动作，潜能状态就会一直保持。请不要选择太过平常的动作，否则潜能状态很快就会被外界因素影响。

你要相信所有潜藏在你内心深处的情绪你都可以掌控，你可以让自己停止抑郁、沮丧和低落，激活和保持积极的潜能状态：清醒、善良、乐观……

那么现在，你需要以什么样的潜能状态来面对你的多向思考呢？我建议你可以选择激活一种好奇的潜能状态，就像一个孩子发现公园里有秋千时那样充满新鲜感和喜悦的情绪。这样你就能学着观察自己："多么美妙的大脑啊！信息能在我的树状思维中像猴子一样穿行真是太棒了！哇，我的大脑转得可真快！"

第二章

整理信息和想法仓库

我们在思考时，常常会不自觉地走捷径、混淆事物的种类、做出不恰当的判断。我们的思维往往混乱无序，这种情况在树状思维中更容易出现。左脑倾向于对信息进行分类、标记和排序，以便理清脉络。右脑则会不断产生新的想法，并对所有信息给予同等的重视，通过联想而不是分类或分组将它们关联起来。因此，多向思考者的大脑中常常是一团乱麻。

8 岁的宝琳娜右脑非常发达。她跟我说她意识不到自己的想法，即使她上过所有的课。在课堂上，她感觉自己的大脑就像一间杂乱无章的阁楼，在其中她找不到自己想要找到的东西。没错，她是学到了新的知识，但是这些知识乱七八糟地堆在一起，与别的东西混在一块儿。我邀请她来整理一下思绪，为此宝琳娜感到非常开心。如今，"阁楼"不再杂乱无章，"阁楼"的"书柜"里整齐地排列着一本本贴有标签的"相册"，我们还在"书柜"里添加了一些"光盘"。

和许多多向思考者一样，宝琳娜的思维方式过于视觉化。在老师讲课时，她的眼睛会接收到很多信息，耳朵却无法接收到必要的声音信息，这让记忆变得困难。一个月后，情况再次变糟。再见到思维混乱的宝琳娜时，我惊呼道："这'阁楼'怎么这么乱！"她拍了拍额头说："我忘记整理我的大脑了！"于是，她决定在每天晚上睡觉前都仔细整理一下大脑里的信息和想法！

没有人教过我们如何优化思维方式，赋予它连贯性、精确性和逻辑性，从而避免混淆与模糊不清。把信息和想法整理得井井有条，有助于我们更好地认识自己，理解自己，更有效地驾驭自己的树状思维。

思维导图来帮忙

在这个常规思考者占多数的世界中，大部分信息都是以传统的形式呈现的。比如，从"第一部分"到"第一章"再到"第一节"。然而，多向思考者很难记住以这种方式呈现的信息。就像玛侬一样，他们很难制订出计划，无论是完成作业，还是安排个人生活。

思维导图是一种树状的数据呈现方式。它是由亚里士多德发明的，也被亚里士多德称为"知识树"，然后由托尼·博赞将其概念化并加以推广。在他的大力推广下，思维导图在20世纪70年代广泛被人使用。绘制思维导图作为启发式学习的一部分，可以使人不断开辟新的思维路径，不断探索知识。这种工具特别适合多向思考者的思维方式，他们可以在使用中获得巨大的帮助。

思维导图像一座资源宝库，它有助于记笔记，以及对笔记的内容进行分类和总结。在准备演讲时，思维导图还有助于梳理思路。思维导图清晰直观，色彩丰富，能突出核心要点，让人更容易记忆，很多复杂的想法都能够通过思维导图得到展现。

如何绘制思维导图

绘制思维导图需要纸张（最好是A3的白纸）、彩色的铅笔或记号笔。标题词写于中央，关键想法则围绕着标题词展开写。要避免出现不必要的文字描述，只记录关键词，这样可以节省书写和阅读的时间，有助于集中注意力。我建议可以使用不同的颜色、符号和小插图：思维导图越具有视觉刺激性，其内容就越容易被记住。现在有许多免费软件可以用于在计算机上制作思维导图。事实上，很多计算机软件的结构都与思维导图近似：菜单呈树状，内容繁多且可以相互关联，就像你大脑中的结构一样。因此，这种梳理思路的方式应该很适合你。思维导图在个人的学习和工作中有广泛的应用潜力，运用思维导图会让你的头脑更清晰！如果你对某个主题感到困惑，就把它写在纸上，然后将其拆分，再分模块进行思考。你甚至可以写一本完全由思维导图组成的日记。

逻辑分层

思维导图更关注思维的形式，而逻辑分层则可以让想法更加有条理。逻辑分层能让你通过保持想法之间的连贯性和逻辑性来梳理自己的想法，同时将接收到的信息放在合适的位置上。多向思考者很难对想法的重要性进行分级、分层，对他们而言，所有事情都同等重要。要了解逻辑分层，第一步就是倾听别人说话，然后问自己别人在说什么。

关于逻辑分层

人们的语言所表达的内容可以分为五个层面。

第一，环境层面（指周围环境）。这一层面涉及所有我们必须回应和适应的外部条件，是针对"何时""何地""还有谁"等问题的回答。比如，如果我说："星期天，我会和保罗一起去海滩。"我给出的信息就是我什么时候去、和谁一起去、去哪里。

由于环境层面涉及的是外部条件，因此你只能做出反应而不能直接采取行动。多向思考者通常难以承认自己在某种情形下无能为力。然而，如果海边刮大风，或者保罗心情不好不想去，那任谁也无能为力。这也是一个机会，能让多向思考者放弃实施某些毫无结果的行为。所以不要再浪费精力去做一些你根本无能为力的事情了。

第二，行为层面。这一逻辑层面包含我们的所作所为，可以用"你在做什么"这个问题来概括。"在海滩上，我要晒太阳、休息，还要跟保罗一起吃冰激凌。"我所描述的就是我的行为。而且你可能已经注意到，大多数人的沟通只停留在开头这两个层面上。他们只谈论什么时候、什么地方、和谁一起、做了什么。这种谈话方式让很多多向思考者感到沮丧，因为他们与对方缺乏思想上的深入交流。你在行为层面上能够做的是客观地观察自己的行为，觉得不合适的时候就做一些调整，同时也要赋予自己犯错的权利。你可以将别人对你的批评视为别人提供的关于你的行为的一些信息，仅此而已，不要想太多。反过来，如果你批评别人，也要只针对其行为，因为如果你攻击别人的价值观，会深深地伤害他。

第三，能力层面。这无疑是沟通中最易被忽略的层面。它涉及个人行动的基础，也就是我们的资源、知识和技能。把自己所拥有的资源列出来，把还需要获取的资源也列出来，这样做常常很有用。这是个人发展进步的主要方式之一。我们既拥有内部资源，即自己的能力，也拥有外部资源，比如文件、网络、图书等。我们还可以向具有我们所缺少的能力的人请求帮助，他们可以支持或指导我们。

信息的传递与分享是多向思考者认可的价值观的内容之一，这使他们成为有合作精神、忠诚而坦率的人。因信息封锁而形成的权力游戏会令多向思考者气愤不已。多向思考者非常期待某一天能遇到一位万能的导师，这位导师可以满足他们对所有领域的知识的渴望。在电影中你可以看到这种智者：隐居山中的大师，以无限的智慧滋养他的学生。但在现实中，几乎没有人拥有你梦想中的学识，大多数人只精通某个领域，在某个领域非常专业。这让你感到挫败：深入了解信息就意味着信息隔离。而且，一个有天赋的学生极有可能很快就超越老师并遥遥领先。同样，在进行几次网上查阅之后，多向思考者的能力水平也可能会超过指导者。还记得制订家庭度假计划的科琳娜吗？可以说，她让所有的旅行社相形见绌！制订家庭度假计划可能只是一件小事，但如果多向思考者完全了解某个话题所涉及的所有内容，再也找不到任何文献或老师来帮助自己继续深入，这样的情况可能会令他们非常迷茫，甚至极为焦虑。在传递信息时，如果常规思考者无法领会多向思考者的需求或无法满足后者的期待，多向思考者就会感到非常失望。因此，多向思考者常常会不自觉地放弃寻求建议或帮助。

能力层面对于继续互相学习、自我发展及传授知识都至关重要。既然你热爱学习，那就不要放弃，但也不要期待你的榜样能超出自己所能地满足你的要求。

第四，价值观和信仰层面。这个层面涉及动机、优先事项及我们认为正义、真实和重要的事情。有关价值观的问题是：“为什么？目的是什么？在某件事情上对你来说重要的是什么？”对这些问题的回答，可以体现你的价值观、意识形态，以及你所看重的一切。你与他人了解了彼此关于这些问题的答案后才可以真正进行一场思想上的辩论和一次心与心的交流。这是人和人之间最私密的交流方式。你已经意识到，如果试图强迫那些不习惯或不愿意以这种方式交流的人进入这个层面，是会产生麻烦的。在价值观这个层面，我们会贴近一个人的内心。我曾在培训课程中说："在这个层面上交流必须像脚上包裹着毛毡垫并踮起脚尖走路一样小心翼翼。价值观，恰如其名，有着宝贵的价值。别人无权质疑，除了我们自己。每个人都有自己的价值观，个人的价值观不是普遍适用的。就算他人与自己的价值观截然不同，也必须允许这种情况出现。

价值观是对我们很重要的东西，信仰则是我们认为真实的东西。大多数人在听到信仰一词时会从宗教的角度去理解。然而，信仰的范围远远超出想象。其实人在生活的各个方面都有属于自己的信仰。信仰涉及对事实缘由的解读（这样是因为……）、事物的意义（这意味着……）、对某事的要求（这是可以的；这是不可以的）、自我能力的评估（我做得到；我做不到），甚至还涉及身份认同（我是谁？世界是怎样的？生活对我来说意味着什么？）。

一个知行合一的人，其行为与价值观是一致的，他会展现一种非同寻常的内在力量。这种一致性的程度非常罕见。相反，操纵者的言行则与其口中所说的价值观背道而驰，我们可能要花很多年才能意识到他们的行为有多离谱，因为他们的说辞是如此令人信服。在这两极之间，我们遇到更多的是一些心怀善意但并不清楚自己的价值观，也不会检查自己是否知行合一的人。

人人都会遇到自己的多种价值观相冲突的情况。例如，安全需求（价值观 1）可能会妨碍我们对未知事物保持开放的意愿（价值观 2），或者对和谐的需求（价值观 1）可能会与被尊重的需求（价值观 2）相冲突。不过，对安全和对被尊重的需求应该始终优先于对未知事物保持开放的意愿及对和谐的需求，因为缺失安全与尊重，就不可能实现开放与和谐。认清自己的价值观及其可能存在的矛盾，有助于我们重建内心的秩序。想要了解自己的多种价值观并协调它们，需要问自己真正重要的是什么。然后，在多种价值观中确定哪一种更重要。每次遇到内部冲突时，请检查一下是哪些价值观存在冲突。如果无法排列出它们的优先级，那就去寻找一个折中的解决方案。

第五，身份认同（身份）层面。最后，在谈到我们是谁、使命何在、对生活的整体愿景如何时，就进入了身份认同这个层面。我们在这一层面要问的问题很简单："我是谁？"但是很少有人知道如何回答。

灵性层面

我们在前文中已谈论过五个层面，而实际上逻辑分层还存在第六个层面。虽然它可以被归于价值观和信仰层面，但是它也可以构成一个独立的层面，因为在这个层面上，我们探讨的是超越个人的那些价值观。在这个前提下，灵性一词就不只是一个宗教概念了。在对自己的身份认同之外，我们还能意识到自己属于一个内部彼此嵌套的更大的体系（家庭、宗族、社群、人类……），属于一个绵延不绝的未来。我们在这一层面要问的问题是："还有谁？更大的目标是什么？未来将通往何方？"举例来说，在这个层面上，生态不只是针对环境而言的，更关乎人类的未来。这也是灵性层面讨论的主题之一。

这个层面非常吸引多向思考者。他们关心整个世界，关心那些超出了自己生命历程的过往和将来。多向思考者的思维体系充满了灵性，他们还能感受到自己身负使命。因此多向思考者一定不要忽视自己敏锐的感知，要重视自己的内心感受，去建造属于你的灵性宝库吧！

逻辑分层金字塔

一个人会拥有好几种核心价值观，这些价值观会形成一个价值体系。因为拥有这些价值观，所以我们会要求自己发展出更多的技能，这些技能进一步体现在各种各样的行为中，有利于我们适应多变的环境。我会用逻辑分层金字塔（如图4所示）来呈现人的价值体系。

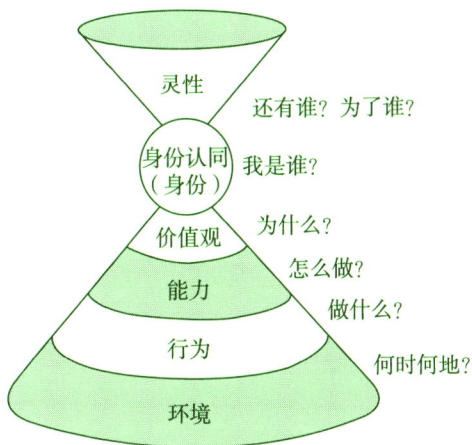

图4　逻辑分层金字塔

不要混淆

想象一下，有一位律师跟你说："我家有很多植物（环境）。我每周都给它们浇水（行为）。我很会养植物（能力）。我喜欢植物（价值观），它们给室内带来了生机（信仰）。我想要当一名园丁（身份）。"现在你能够把每句话都按照前文讲的层面进行归类了。如果他补充说"此外，我还提倡拯救濒临灭绝的植物"，就是他向你展现了他的灵性层面。从他的讲述中，我们可以看出他期待完成的使命及关乎个人行为的逻辑链。

许多人没有认真听这位律师的讲述，也没有把接收到的信息归纳到逻辑分层金字塔中，而是仅凭自己对律师职业的偏见就仓促得出结论。可是，一个人从事某种职业，只是代表个人的行为与其专业技能相互结合而已，并不能代表其身份，同理，国籍也不能代表一个人的身份。在逻辑分层金字塔中，人们常常把"身份认同（身份）"与"行为"这两个层面相互混淆。

以下是几个例子。

- 我搞错了（行为），所以我很糟糕（身份认同）。
- 他不给我送花（行为），所以他不爱我（价值观）。
- 她没有给我打电话（行为），是因为……

在前面的章节中我们讨论过，你黑白分明的价值观关联一套复杂的行为准则：如果我们……（价值观），就必须……（行为）。例如，如果我们是朋友，就必须随时为对方两肋插刀。对你来说，每种行为必然关联着某种价值观。但这些都是属于你个人的逻辑链，不一定适用于别人。在你看来，没有给你打电话的人是在传递某种信息。在这方面，你非常容易混淆、预设，从一个简单的行为就推导出整个"剧情"。别再"拍电影"了，试着多去创建正向的逻辑链吧！

她没有打电话给我，是因为：

- 她没有时间；

- 她找不到充电器，手机没电了；

- 她误删了我的联系方式；

- 她正在等待面试结果，好把好消息告诉我。

在行为和价值观的关系当中，我们也能发现常规思考者和多向思考者对事件的不同理解。

对常规思考者来说，行为只是一个不太重要的细节，证明不了什么；而对于更看重立场和结局的多向思考者来说，行为中的细节代表对方想传达的信息，也代表对方的价值观。常规思考者与多向思考者因自己的不同理解而争辩时，多向思考者的论据往往就是这些细节。

此外，还有一个原因使多向思考者的生活变得复杂，那就是他们几乎把一切都归结到身份认同（身份）层面。音乐会上穿过的旧毛衣拥有生命、身份，甚至具有灵魂。"如果某个东西进入了我的生活，那它就成了我的一部分。在这种情况下我怎么能扔掉它？"因此，多向思考者很难让自己的生活井然有序。多向思考者要学会将事物放到环境层面上去考虑，在人际关系方面，也要学会分类。如果对方的价值观跟你截然不同，为什么还要坚持和他交往？你们只会冲突不断。

常规思考者的逻辑往往只停留在环境和行为这两个层面上，我希望他们最好能顺着逻辑分层金字塔再往上走一点儿，这样他们能更好地理解自己的价值观。相反，多向思考者的逻辑往往停留在逻辑分层金字塔的高层面上，他们喜欢进行抽象的思想辩论，而忘了要回到具象的现实中。很多多向思考者沉溺于想象，而不采取行动，因为他们害怕失败（如果搞砸了，那我就是个废物！）。逻辑分层有助于他们辩证地看待失败。事实上，失败是一个宝贵的学习机会，重要的是要大胆地采取行动。

第三章

提升自尊水平

　　随着对本书的阅读，你对自己有了越来越深刻的认识，你开始明白自己为什么自童年起就遭受粗暴的对待。大多数多向思考者一直感到被否认、被束缚、不被理解、被嘲笑、被拒绝、被贬低。他们与周围环境格格不入时，很难知道自己是谁、价值何在、做对了什么。在前文中，我们已经谈到了身份认同方面的缺失源自无法从外部获得认可及自尊水平低。现在，我们要着手解决这个问题了。首要解决之道便是"认同自己"。没错，你是与众不同的，你非常特别。越是了解和理解自己，你就越能够接受自己。越是理解世界的运行方式，你就越能适应它。此刻，良性循环已经开始了。

如何提升自尊水平

放弃追求完美

多向思考者常常会陷入一种困境，就是执着地追求绝对的完美，对完美的追求甚至使他们忽略了对更重要的健康和愉悦的追求。他们要求很高，喜欢批判，寻求完全掌控的感觉；对精确度和准确性的渴望，使他们不愿意给偶然性留任何空间。他们认为再小的细节也可能具有重大的意义。由于无法意识到事情已经到了无可挽回的地步，因此他们会浪费很多时间去做不必要的调整。多向思考者不清楚任务何时算完成，因此他们不能认可自己的成功，会认为任务一直尚未完成，在更多的时候，他们则因为结果没有达到自己所追求的绝对的完美而深感苦涩。

简而言之，完美主义会导致挫败感产生，希望我已经成功地让你对它心生厌恶了。有时你必须降低标准，才能获得成就感；必须放弃追求完美，才能提升自尊水平。接受真实的自己，你的不完美才是完美的。这样，你才能重新获得舒适感，并开始认可自己的成功。

肯定自己的成功

肯定自己的成功对于增强自信至关重要。自信不是一直存在的，即便是那些非常爱自己的人也是如此。如果没有来自自己和外界的不断肯定，自信很可能会消失。要保持自信，就必须定期肯定自己的成功，无论大小。换句话说，就是不要说"没错，但是……"。说这句话会让他人觉得你是在试图靠言辞来赢得谦虚的形象，是一种大错特错的表现。事实上，你的"但是"只是用来否定你的成功。例如，如果我对你说"你是个好人，但是……"，或者"我想留下来，但是……"，在我还没说完时，你就已经知道我接下来要说的内容会与我一开始所说的意思相反。

同样的道理，如果你说"我做的晚餐很丰盛，但是……"，你就否定了这顿晚餐。所以，你只需要简单地说"我做的晚餐很成功"就行了，别再说其他的。我承认，这需要练习。肯定自己的成功有助于你培养迎接挑战、克服障碍的能力，从而获得成长、丰富人生。懂得肯定自己的成功是今后能获得成功的前提。如果你能为自己喝彩，那你一定可以从容地面对未来，正确地看待失败。最重要的是，千万不要再吝啬对自己的赞美了！

看重自我形象

自我形象反映的是一种主观认知，包括我们如何看待自己，也包括我们认为别人如何看待我们。我们可能认为自己美丽、聪明、有趣，也可能认为自己丑陋、愚蠢和可笑，无论这些主观认知从客观的角度上看是否准确，它都与从儿童时期起周围人给我们的反馈密切相关。对你来说，你从外界得到的反馈大多是扭曲的，所以你经常费尽心思向那些无法理解你的人证明自己。试图自证价值本身就是一个陷阱，因为越是想证明自己的价值，就越使自己的价值贬值。想象一个外科医生跟你说："我会向你证明我可以做手术！"这难道不是一件很荒谬的事情吗？你是一个很好、很有能力的人，不需要向任何人证明这一点，你只需要做自己该做的事情。你越是相信自己的价值，别人也会越信任你。对自我形象的积极认知能让你相信自己的能力，并乐观地展望未来。

自爱

自尊的核心是对自己无条件的爱，这也是自尊最深层的基础。自爱能让人们经受住生活中的风风雨雨。不爱自己的人往往会忽视自己，无视自身的需求，不懂得照顾自己，置自己于危险之中，默默忍受糟糕的生活或工作带来的伤害。相反，一个人越是爱自己，就越能照顾好自己，会关心自己的需求、健康和外表。他会积极地营造舒适的生活氛围，能够保护自己避免受到外界的伤害（无论是身体上的还是精神上的）。爱自己的人尊重自己，也会让他人尊重自己，不容许他人打击或羞辱自己。

我有一整套方案能帮助你无条件地爱自己。

首先，安抚内心的小孩。

在放松的时候，你可以想象一下小时候的你。现在你已经了解他了，请告诉他他是一个有天赋的孩子，向他说明这些年来发生的事情的原因，还要给予他所需的关注、认可和鼓励，给他一个拥抱，告诉他你非常爱他，不会再允许任何人贬低他。

其次，赶走内在破坏者。

到现在你还不知道自己一直生活在一个内在破坏者的统治之下。从早到晚，他在你的脑海中喋喋不休，不断地贬低你。

他的破坏方式如下。

- 下达命令："你应该……""你必须……"，这能让你产生沉重的压力；
- 表达遗憾："要是你……就好了"，这会让你对自己持续不满；
- 发布禁令："不要说……""不要觉得……"，这会让你限制自己；

- 不断使你自责，让你感到内疚；
- 不停打击你。

这些破坏方式其实就是在说："你很糟糕、自私、不成熟、一文不值、没有能力……你不配拥有爱，你也无权感觉自己优秀……总之你不配获得快乐！"

这种自我破坏的机制是在无意识中形成的。因此，你要在你的脑海中识别出这个不断发出声音的"电台"，尤其是要知道它在说什么。你可以给这个内在破坏者起个名字，"杰夫""罗伯特"，什么都行。当科琳娜突然意识到内在破坏者的存在时，她一句话就让内在破坏者远离了她，她大喊道："闭嘴，杰夫！你这个大混蛋！"

你还可以选择高声歌唱，以盖过内在破坏者的声音！

在放松的状态下，你可以进行非常有趣的想象练习：想象自己因这个内在破坏者的严重错误而解雇了他。你甚至可以想象你雇用一位年轻、快乐、有活力、会鼓励人的工作伙伴来替代他。自此，你变得积极乐观，你内心的声音也变得温柔而坚定："勇敢点，亲爱的。你能行，一切都会好起来的！"

最后，跟自己好好相处。

你应该跟自己好好相处直到生命结束。因此，你不妨做一个对自己最温柔的伴侣。如果有一个人深爱着你，那就想象一下你希望被如何对待。像一个热情似火的恋人一样对待自己，为自己奉献自己所期待的深情注视与关怀体贴。总之，好好宠爱自己，你值得拥有最好的东西。如果你不照顾自己，谁会来照顾你呢？

增强自信三步走

增强自信始于肯定自己的成功，无论大小；然后需要学会友善地跟自己对话，而不是自我贬低；最后，强迫自己像尊重他人一样尊重自己。你不是一直追求公平和正义吗？你越爱自己，你的脑海中就越容易形成一个积极的自我形象，更容易肯定自己的成功；越乐于肯定自己的成功，就会越积极地看待自己、爱自己。

增强自信不是一剂万能药，不能保护我们免受所有失误和负面情绪的影响，也不能让沮丧、怀疑和害怕的时刻消失，它最多能让我们更从容地去应对一些不尽如人意的事情。它不是一根魔杖，不能将生活变成一条平静的河流！

那么，自信是什么呢？自信是：

- 一种内在的舒适感，它让你能够接受自己，包括接受自己的劣势；

- 一种巨大的力量，它使你确信自己能够面对大多数问题，并能调动自身资源来找到解决方法；

- 一种让你缓解焦虑的方法，帮助你克服恐惧和压力并采取行动。

自信本身并不能推平高山，但能够帮助我们去翻越它。

如何判断自尊水平是否正常？

如果你能做到以下这几点，那就说明你的自尊水平处于正常状态。

- 可以积极地谈论自己，毫不尴尬地接受赞美。
- 不再激动地面对微不足道的小事，更加冷静。
- 兴趣爱好增多，在工作与生活之间找到了平衡。
- 对他人意见的重视程度有所降低，不再完全依赖外界的认可，能够承受社会压力、接受困境而不至于崩溃。
- 不再需要花精力来增强自信。
- 即使受到伤害也不会影响到思维和情绪，不再因羞耻感而低落好几个小时。
- 最重要的是，如果你已经摆脱了完美主义，那么你就会明白以上几条不过是提供了努力的方向，并不是要求你每一条都要做到。

第四章

优化大脑功能

现在你的大脑已经被你整理得井井有条，接下来你还需要优化一下大脑的功能。拥有一个多向思考的大脑并不会阻碍你获得幸福生活。你只需要跟随生活的节奏，满足大脑的 5 个基本需求即可。

有点儿超负荷的生活

首先讲讲生活的节奏。你适合一种快节奏的生活。

你大概无数次地留意到自己拥有一种非同寻常的能量。你在一天之内所做的事情要比别人多得多，但你却经常会产生一种挫败感，好像自己什么也没做。你会因一个常规思考者的日常生活节奏缓慢和缺乏意义而恼火。不要再因为别人指责你做得太多、闲不下来而难过。没错，你就是非常活跃、超级有活力。所以，请按照自己的节奏去生活，不要再关注那些恶评。当然，也不要要求别人跟你一样！

多向思考者有时会出现过度疲劳的现象，因为他们比较难掌控负荷的程度，如果执意为本就紧密的计划加码，就会造成额外的负担。可以说，多向思考者就像骆驼：负重 100 千克时会产生最佳效益，能昂首挺胸地奔跑；可如果再增加 1 千克，他们就会突然倒下。要小心这最后的 1 千克，你需要为处理意外事件留出时间。如果没有什么意外事件发生，那你可以利用这段时间进行冥想或做放松练习，这会让你缓解疲惫。

快节奏的生活能让你感受到自己的存在，你乐于参加一些挑战，同时推进好几个有激励性的项目。常规思考者会认为你过于一心多用，而这对你来说却是找到了生活的平衡点。

大脑的 5 个基本需求

现在我们来谈谈你的大脑的需求，这不是指突发奇想的需求，而是指非常真实的需求。如果这些需求中的任何一个没有得到满足，你的大脑就会备感痛苦。随着我把这些需求一一列出，你就会意识到你对它们非常熟悉。如果这些需求没有得到满足，你就会感到缺失和难受，但是到目前为止，你还没有意识到这些需求对你来说有多重要。

学习

你的大脑热爱学习，不学习你就会郁郁寡欢、闷闷不乐。对复杂性的需要令你的大脑反复琢磨所能接触到的细枝末节，它却无法从中获得所需的营养。你可以问问自己："我喜欢学习什么？学校的教育在哪方面需要改进？一门本来值得深入研究的课程是否只是教授了皮毛？老师对内容的表述不当或老师不受人喜欢是否让我错过了课程的精华？我是不是后悔自己早该对某个话题产生更多兴趣？或许我还可以在装饰、园艺、烹饪、手工制作等方面发展自己的技能。"

无论想学什么，你都可以去学，但要谨记以下两条原则。

- 如果你遇到了不明白的地方，那有可能是你把一些简单的问题想复杂了；
- 学习需要坚持不懈，即使当下感到无聊，也一定要坚持下去。

运动

运动有助于释放你所具有的非同寻常的能量。我在接待咨询中常会遇到类似情况：当谈到运动这个话题时，那些不再参加运动的多向思考者会意识到，运动曾让他们受益匪浅，以及不再运动对他们的影响有多大。运动有助于提高血清素水平，让人产生多巴胺。毫无疑问，通过运动和放松，你还可以进一步提高睡眠的质量。请你在你的日程表中留出一些空档，以便有足够的时间来运动，从而释放压力。

创造力

多向思考者的大脑是为创造而存在的，无论是体力方面还是脑力方面的创造。如果没有激动人心的项目让你发挥创造力，你的大脑就会备感无聊和沮丧。然后你会逐渐跟现实脱节，最终开始质疑自身存在的意义。

在理想的情况下，创造应该成为你工作的首要目的。如果你没能充分利用你的大脑潜藏的创造力，那将是巨大的浪费。最令人痛心的是，让多向思考者单纯按规定行动，做一些远远低于其智力水平的事情，会使多向思考者失去自主权，被死板的体系拖垮。对于多向思考者来说，学业问题通常出现在初中阶段。他们中的许多人都无法充分发挥自己的学习潜能，好在就算学业阶段令他们感到沮丧，多向思考者仍然可以在具有创造性和自主性的工作中找到成就感。自由职业是多向思考者最合适的选择，它可以使多向思考者发挥创造性和自主性。多向思考者在选择职业时要考虑到自己所需的这两种特性。在职场中，老板们应该学会识别多向思考者，提供机会让他们发挥出最高水平。身处和谐的氛围之中，多向思考者的工作能力能够成倍地提升，他们能成为企业的小小奇迹。（请把这几句话读给你的老板听听！）如果工作没能为你提供足够的机会发挥创造力，那就在日常生活中去寻找机会。在生活中可以发挥创造力的机会有很多，如在烹饪、绘画、雕塑、音乐、舞蹈等方面你都可以发挥创造力。

有些多向思考者告诉我，他们觉得自己再也无法创造了，同时也失去了梦想，感觉自己患上了智力方面的"厌食症"，陷入了茫然之中。恢复你的创造力对你来说至关重要，梦想对你来说也不可或缺。梦想能让你逃离并不总是令人愉快的现实，为思考注入积极的力量，有助于你对生活可能性的探索。多向思考者太需要梦想了，为了寻找精神上片刻喘息的机会，许多多向思考者甚至选择去买彩票，因为从某种意义上讲，买彩票就是购买让梦想实现的机会。

要找回创造力，首先要让内在破坏者闭嘴，然后提升自己实现梦想的能力，直到梦想转化为具体的计划。在这方面做得最出色的人之一就是华特·迪士尼。他的创造力战略被作为最为有效的战略之一而被研究和模仿。华特·迪士尼认为，创造要取得成效，必须经历以下 3 个阶段。

- 一个未曾受他人或自己严格审视的纯粹梦想。
- 更为具体和现实的计划。
- 有建设性的批评。反对意见应该在后期提出，而且它应该用来使计划更完善，而不是用来破坏计划。

他建议在创造的过程中召唤出我们内心的 3 个角色。

第一个角色，梦想家。梦想家放松地躺着，望着天花板。这时，我们假定有一位好心的仙女在梦想家身边为他排忧解难，所以梦想家无须担心资金或可行性等问题。唯一需要注意的是，这个梦要很愉快地去做。在做了很久的梦之后，梦想家要把自己的梦传递给现实主义者。

第二个角色，现实主义者。现实主义者踏实稳健。他的双脚牢牢地踩在地上，稳稳地坐着，腰背挺直，眼睛看向右下方。他负责将梦想转化为更为具体和现实的计划。此时，好心的仙女还是在帮助解决所有的困难。现实主义者的体验应该像梦想家做梦一样愉悦，尽管可能会辛苦一些。如果情况不是这样，梦想家就需要根据现实主义者的体验来重新做梦，以便做出调整。一旦现实主义者同意了由梦想家的梦而产生的计划，就可以召唤出批评家。

第三个角色，批评家。在创造的最后阶段，好心的仙女已经消失，反对意见出现。批评家坐着，手托下巴，眼睛看向左下方。他接收到的指令很严格：他的批评必须使计划切实可行，在任何情况下都不能遭到破坏。有建设性的批评阶段是创造过程中最微妙的阶段。这一阶段要解决的基本问题是：如何才能使计划切实可行？批评家的建设性意见将被传递给梦想家，梦想家将会寻找到有创意的解决方案。梦想就是这样在现实中成型的。

你是不是已经注意到批评家跟你的内在破坏者很像？所以你要做的是管理好内心的批评家，让他的批评更有建设性。如此，你的想法、计划都会更完美，解决问题的能力会成倍地提升。

为了激励你，我想引用马赛尔·帕尼奥尔的一句话，这句话也是我的座右铭："人人都懂这不可能，可是有一天，一个不懂这一点的傻瓜却做到了。"我每天都在努力成为那个傻瓜。

祝你的创意源源不断！

艺术

除了对创造力有需求，你的大脑还需要艺术的滋养，从广义来说就是需要"美"的滋养。有人可能会问，艺术有什么用？理性地说，艺术并不是人类生存所必需的。然而，雕塑、绘画、音乐、舞蹈等，自古以来就存在于各种文化当中。艺术滋养我们的感官，让我们的情感更加丰富。

生活中最自然、最纯粹的快乐（不要与幸福混淆）就是让我们的感官体验到愉悦。观赏美的事物、聆听悠扬的乐曲、呼吸芬芳的气味或品尝美食，这些简单的行为都可以让人进入短暂的愉悦状态。大自然可以提供很多使我们快乐的机会，而艺术则以另一种强烈的方式令我们陶醉。花点儿时间回忆一下你参观展览或听音乐会之后的感受。当你超级敏锐的感官系统感受到美好的事物时，你就会产生喜悦、满足、充实的感觉。

美术、原始艺术、雕塑、设计、建筑……都包含在艺术的范畴中。但艺术没有统一的规则，普遍适用于各种艺术的原则就是要触动人类的情感。因此，艺术可以跨越国界、文化与社会的差异，所有人在艺术面前都是平等的，只要他们拥有被感动的能力。多向思考者重视情感，艺术为他们提供了表达和感受那些积极而强烈的情感的途径。

更重要的是，艺术是很难获利盈收的。音乐家举办一场音乐会的收益，永远无法与音乐家学习演奏乐器、练习精湛的技巧及反复排练乐曲所花费的时间成本相提并论。然而，艺术家们却将毕生的精力都奉献给了艺术，他们为其他人提供愉悦的体验：展示一幅画、表演一部剧、演奏一首曲子……热情的观众们有时要花上几个小时排队等待，只为欣赏几幅画作、聆听几个音符、体验某个独特而永恒的瞬间…… 我们知道有用之物的有用之处，但不幸的是，我们常常忽略像艺术这种"无用"之物的用处，创造艺术是一种单纯、无私的行为，唯一的目的就是为欣赏它的人创造愉悦。当艺术展现出自己最好的一面时，它能让人们发现人性中崇高、伟大的部分。艺术可以让人们感受到人性中深沉而强烈的爱。

情感

前文中我们已经谈论过情感这个话题。你是一个在生活中需要大量的爱和温柔的人。你愿意付出，也懂得接受。你喜欢与和你价值观相同的友善之人互敬互助地一起生活。因此，你在建立亲密关系时更要谨慎，世界上还有和你一样有爱心的人需要你去找到。

如果你能满足大脑的所有需求，就能优化它的功能。多向思考将不再是一种灾难，而成为一种幸福。

第五章

与自己和他人融洽相处，不再"玻璃心"

你越是了解和接受自己，自尊水平就越高；自尊水平越高，你就越相信自己、越受他人尊重。迄今为止，你一直都在努力地适应他人、融入社会，这让你感到疲惫和失望。但是现在，你已经能够理解你与他人有隔阂的原因了。不可否认，常规思考者与你是不一样的，而且会一直如此。如果能理解他们的意思，而且愿意灵活地调整自己，你就可以慢慢地融入他们。如果做不到，至少现在你知道了那些不适和动摇的时刻是因何而产生的。

不再害怕独处

常言道："与其和糟糕的人相处，不如一人独处。"阿斯伯格综合征患者非常同意这句话。即使是一些亲近的人，有时也会被他们视为入侵者。很多人难以理解阿斯伯格综合征患者，与其接触令人感到疲惫不堪。

但有一些多向思考者不能忍受独处，宁愿与糟糕的同伴在一起，也不愿意一个人独处。于是他们被人操控，人际关系变成了他们的噩梦。但事实上，因独处而产生的孤单之感与真正的孤独感是不同的。当感到格格不入和被误解时，多向思考者会关闭他们的心之门。在这种情况下，他们即使置身于人群之中也会感到非常孤独。但在某些极端情况下，多向思考者宁愿忍受这种孤独。他们找不到更好的办法，只能拙劣地应对现实问题，而与一个操纵者一起生活，会让他们活在最冰冷的孤独之中。事实上，独处要比生活在最冰冷的孤独之中温暖百倍！

我想告诉你的是："想要选择由谁来陪伴，就必须先具备独处的能力。"你需要学会与因独处而产生的孤单之感相处。如果是你自己选择的暂时独处，则会给你带来活力。不要忘记你已经慢慢了解和接受自己了，在自己的愉快陪伴下，你永远都不会生活在最冰冷的孤独之中。

有些多向思考者总是担心被抛弃，一想到被抛弃就会感到恐慌，会因为太害怕别人离开自己而想要建立过于紧密的关系。在关系中，他们不想与对方保持距离，他们的伴侣或朋友则会因此感到窒息。他们对于被认可的需求似乎没完没了，还会不停确认自己与伴侣或朋友之间的关系，要求对方绝对专一。如果你发现自己符合这些描述，不用担心，一般来讲，通过提升自己的自尊水平，你会重新获得自主性。独处不会再让你恐惧，对被抛弃的担心应该也会消失。

应对批评

众所周知，这个世界上充满了批评者。常规思考者将批评视为提升自我的一种方式；多向思考者却常会因别人的批评而感到沮丧；操纵者会试图通过批评使多向思考者的自尊水平降低，以便更好地掌控多向思考者。可能直到现在，你还是过于敏感，长期以来，批评让你无所适从，但没关系，这种情况即将改变。

首先，不要再把批评当作对个人的攻击。批评者所说的话，更多地反映了他们自己而不是你。这里的逻辑是：之所以批评别人的行为，是因为我不允许自己这样做（而有些人毫无顾虑地就做了）。举例来说，如果我批评某个女性穿得太暴露，其实是说明我禁止自己展示性感的一面。我对这个女性的控诉越强烈，说明我的自我审查就越严格。现在你知道了这些就可以尽情解读批评者的心理了。反过来也一样，听听自己对他人的批评就可以知道自己的禁忌是什么了。

别忘了，常规思考者是无法理解你的。你怎么能从一个无法理解你的人那里获得可靠的反馈呢？那些反馈只会是不完整的、扭曲的。因此，你应该把批评当作对方价值观的体现。例如，如果有人批评你不稳定，那你可以理解为他讨厌改变；如果有人批评你太情绪化，那说明他不喜欢情绪被触动。

但是常规思考者提出的某些批评确实可以用来指引你进步。如果你对批评的理解停留在行为层面，而不延伸至身份认同（身份）层面，那这些批评就具有价值。你需要学会将批评视为某种回应，如果你觉得它有意义，就感谢对方提了出来；如果你不认可，那就简单地回答："这是你的看法。"；如果对方指出的你的"缺点"实际上是多向思考者所具备的特质之一，那你应该庆幸，因为他认识了真正的你，然后你只需微笑着承认："是的，没错，我是太 × × 了。"

治愈被拒绝的创伤

除了害怕独处和批评，多向思考者还对被拒绝感到恐惧。

正如本书前文所讲，多向思考者天生害怕被拒绝，甚至会把被拒绝看成一种危险。被整个群体拒绝会给多向思考者带来可怕的被孤立感，这种感觉不仅产生在被嘲弄时，而且还产生在独处时。我希望在阅读本书后，你不会再产生这种感觉，你能接受自己的与众不同，也能理解世界的运行规则。然而，你可能永远无法避免被心怀恶意的人发现你的特殊性。因为你的特质让他厌恶，所以他就会怂恿整个群体来排斥你。如果这种情况发生在你身上，那你需要做出一些正确的反应。

从现在起，你可以试着寻求帮助，去见见靠得住的朋友，跟邻居聊聊天，和他们说说内心的想法。如果联系不到任何人，那就积极地行动起来：做个大扫除或完成一项搁置了很久的任务。被拒绝，将成为你的成就感的来源。你现在可以大声地说："多亏了苏珊娜那个混蛋，我把厨房彻底打扫干净了！"

一般来说，为了避免与他人疏离，你需要建立不同层次的人际网络，区分知心好友、普通朋友和泛泛之交。由于层次不同，对方提供帮助的程度也有所不同。尽管你渴望极度亲密的关系，但也不要拒绝发展刚建立的关系。

与其逃避，不如正视自己对被拒绝的恐惧，多与人接触。幽默和自嘲可以帮助你缓解对被拒绝的恐惧。你可以对自己说："好吧，我是害怕他们觉得我很平庸，但我不妨做一个面带微笑、与人为善的平庸之人，而不是一个板着脸、坏脾气的平庸之人！"

生活在社会当中意味着你要学会接受别人的帮助，还要知道如何根据对方能够提供的帮助来提出请求。有些朋友会认真倾听你诉说，有些朋友能带你出去兜兜风、放松心情。当你求助于专业人士时，首先要确定他是否能理解你。很多心理工作者并不了解多向思考的概念，在这种情况下，他们会把你的特质当作一种病状，只能让你更加沮丧而帮不了你。

你知道愚者与智者有何不同吗？不同之处在于智者知道选择与对的人在对的时间说话。因此，当你与人沟通时，若对方不能理解你，请不要刻意强求对方明白你想表达的意思，试着改变你们谈话的主题吧！

需要被尊重

当对被爱的需求大于被尊重的需求时，麻烦就来了。把被爱的需求放在首位是没有意义的，因为人不可能去爱一个自己并不尊重的人，所以你首先要让自己得到尊重。其他人可能喜欢你，也可能不喜欢你，但这至少与你的自尊无碍，人在成年后，不是必须得到全世界的认可才能生存下去的。现在你可以在你的贵宾接待室门口安排一个"保安"来筛选"顾客"，破坏分子将被拒之门外。在这个贵宾接待室里，不再有假自体，只有你的真实自我在调皮而热情地欢迎那些值得的人。

如果有必要，你可以就自尊问题做一些个人成长方面的心理咨询，让自己不再被人控制。

多向思考者的亲密关系

基于我多年的经验，我发现我接触到的大多数伴侣都是由一个有自恋人格障碍的操纵者和一个多向思考者组成的。不用说，来咨询的都是多向思考者，他们以为自己完全疯了。有时我甚至想，多向思考者的作用难道就是像海绵一样吸收操纵者的负面情绪，从而消除他们对社会造成的危害吗？我认为，多向思考者一直在为这些"吸血鬼"伴侣服务。

一旦理解了操纵者的手段，多向思考者就不会再度陷入被操纵的境地；一旦摆脱了操纵者，多向思考者就会重获新生。然后，多向思考者会恢复对生活的热爱、重拾活力与光彩。一般来说，他们会遇到另一个多向思考者，如果新的伴侣能够理解多向思考的概念，他们最终就能在亲密关系中获得幸福，他们二人会成为一对善良、幽默、自信、有活力的伴侣。两个心怀善意的人会在一起自由自在地聊天、辩论。

我也接触过由一个多向思考者和一个常规思考者组成的伴侣，但这样的伴侣数量相对来说少一点儿。一般来说，这种伴侣的关系比较稳定。常规思考者不能完全理解多向思考者，但能接受对方超级敏感的特质。当多向思考者感到无聊或受挫时，通常会感谢常规思考者为他们带来平静。常规思考者会对多向思考者说"你想得太多了"或者"你操心的事情太多了"，这可以提醒多向思考者记得设立边界。但在智力方面，多向思考者面临的挑战会日趋减少。如果多向思考者一味要求常规思考者跟上自己的步伐，那他本人也可能会筋疲力尽。为了保持二人之间的平衡，多向思考者需要在工作或爱好中去寻找智力方面的挑战和释放精力。

当多向思考者发现自己的天赋时，他会试着与伴侣谈论这个话题，并分享他所了解到的一切。通常，伴侣并不能接受多向思考的概念，这令人沮丧，但这也是合乎逻辑的，因为人无法把漏斗塞进管道里。从此时起，多向思考者意识到他们在亲密关系中有很多无法分享的东西，所以必须放弃分享的想法，才能重新与常规思考的伴侣幸福地生活下去。

有些男性比较喜欢没他们聪明的女性，虽然这涉及可怕的性别歧视，但这确实是事实。部分男性即使智商很高，也会做出相同的选择。这说明智商不能代表智慧！相关统计数据令人感到绝望：女性受教育程度越高，就越难找到伴侣。

　　请不要绝望，冰雪聪明的女士们。我在工作中观察到，女性一旦接受了自己并展现出自己的天赋，就容易吸引一个同样多向思考的伴侣，就容易获得幸福。

　　为了能相互熟识，多向思考的男性和女性需要抛弃男性必须阳刚和女性必须温柔的陈词滥调。多向思考的女性在心理上较为男性化，而多向思考的男性在心理上则较为女性化。一个略显温柔的男性和一个略显阳刚的女性刚好可以互补。

　　如果伴侣双方都能坦然地面对自己是多向思考者的事实，那么他们就容易获得幸福。他们在身份认同方面不再有缺失，恢复了自信，接受了自己的方方面面。如果你的伴侣还没能做到这些，那么在你读完本书之后，你可以将本书借给他看！

后记

为什么我是多向思考者？

我就知道你会这么问！也许从打开本书起，这个问题就一直萦绕在你的脑海中，你期待着我最终能提出这个问题。我也知道你无法接受我回答"因为事情就是这样"或"我对此一无所知"。人们对这个问题的答案提出了好几种假设，我可以讲述其中的一些，因为我知道你对各种解释都持开放态度。

一直以来，世界上都有一些与众不同的人，艺术家、发明家、情感较为丰富的人……他们都受困于自己的精神状态。毋庸置疑，达·芬奇就是一位多向思考者，而米开朗琪罗、牛顿、爱因斯坦和莫扎特则被诊断患有阿斯伯格综合征。我认为路易十六对锁的热衷也非常接近阿斯伯格所说的"特殊兴趣"。

多向思考是一种智力天赋吗？没错。我们都知道智商测试并不适用于树状思维，我们需要为多向思考者设计专门的测试，即由右脑主导者为多向思考者设计的测试。但这种测试又是为了证明什么呢？

多向思考是遗传的吗？有可能。多向思考遗传论已经被提了出来，它被基因论的无条件拥护者认可。没错，我们经常会在子孙后代中发现他们与祖先相同的特点。有时一家子都是多向思考者，但情况并非总是这样。如果家里只有一个人是多向思考者，他就会强烈地觉得自己像只丑小鸭！我个人一直对基因论感到困惑，毕竟是鸡生蛋还是蛋生鸡，多向思考是先天的还是后天适应的结果似乎没人说得清楚。

的确，危险、被糟糕地对待会逼迫人发展出更强的创造力和高度警惕性。被虐待的孩子中会出现一些多向思考者，这时我们可以说多向思考是后天适应的结果。然而，如果父母是善良的常规思考者，不会做出故意虐待的行为，但由于他们对孩子超级敏感的特质缺乏理解，他们的责备和批评对孩子来说就是一种精神暴力。在这种情况下，多向思考只是被"不良"对待的起因，而不是结果。

并非所有受到虐待或"不良"对待的儿童都会成为多向思考者，我也曾遇到过来自温馨家庭的多向思考者。这么看来，后天适应理论并不全面。我想提出一种折中的解释：有天赋的孩子非常缺乏安全感，这可能是因为他们比父母更有洞察力、更理性、更成熟、更像成年人，他们本能地感觉到自己在智力方面超越了父母，无法指望得到父母的理解，因此不得不增强自己的适应性。

难道孩子多向思考是父母的错？有这种可能。如果必须要指责父母，是否可以少指责母亲一些，多考虑父亲的问题呢？毕竟，许多有才华的人都受到过父亲的问题的影响，就像达·芬奇。

一般来讲，父亲的使命是让父母与孩子的关系三角化，让孩子与母亲在心理上分离——把孩子从母亲的怀抱里赶出去，激励孩子去征服外面的世界。当父亲缺席或没有很好地履行自己的职责时，孩子就可能会自己培养自己的适应性或者进行多向思考。

父亲的职责主要包括以下内容。

- 保护。保护家人一直被认为是父亲的职能。保护也包括对孩子内心焦虑的安抚，这至关重要。

- 启蒙。父亲要教孩子认识"剥夺"和"缺失"的概念，这样孩子才能学会面对挫折。这也许是多向思考者多愁善感的原因之一吧！

- 教育。父亲在孩子的教育方面发挥着不可替代的作用。然而，多向思考的孩子经常对权威、他们眼中专制的规则感到无所适从，认为其不合逻辑。

- 分离。父亲必须让孩子在心理上与母亲分离。正因为无法再得到母亲的保护，孩子才会去探索外部世界。如果父亲没有这样做，孩子可能会一直依赖母亲。
- 身份。孩子跟随父亲的姓，延续父亲的血脉，父亲给予孩子身份的合法性。而有些不知道父亲是谁的孩子，则因无法拥有明确的身份而感到痛苦。

父亲想要让孩子与父母的关系三角化，需要做到以下几点：

- 成熟，并放弃自己的全能感；
- 接受自己的角色由儿子转变为父亲，这也意味着接受自己会变老并被超越；
- 充分理解母亲的职能不可替代，接受自己永远都无法取代自己妻子的事实。

人们对完美的追求源自婴儿时期的全能幻想，很多多向思考者在成年后仍然停留在全能幻想中，即使他们幻想出的完美世界和现实世界相去甚远。有一理论说，孩子在婴儿时期普遍由右脑主导，随着年龄的增长会逐渐发生变化。这可能是因为父亲的引导，也可能是因为学校或社会教育。客观来讲，由左脑主导的常规思考者比由右脑主导的多向思考者更具可塑性。

　　我还对人类的近亲黑猩猩进行了研究。黑猩猩往往生活在一个高度规范化甚至是残酷的等级制度中，可以说它们是由左脑主导的典型代表。相反，倭黑猩猩则是一个充满爱、善于合作的种群，它们的相处方式与多向思考者更接近。

　　何必要问为什么自己是多向思考者呢？你就是你，独一无二，与众不同。你令人惊奇、创意不绝的大脑会点燃你的生命，让你生活在爱的光芒里。

　　人生就是如此美丽，还会给你带来意想不到的惊喜！